博碩文化

贏在起跑點

U0063222

FB+IG+LINE
社群媒體操作經營活用術
12堂一定要懂的聚客利基,提升精準行銷爆發力

依據需求掌握平台

內容展示各社群媒體所提供的功能,搭配創意用低行銷成本,經營最出色的粉專、社團、生活圈。

功能詳實降低障礙

攝錄影、構圖、濾鏡、編製全包,讓圖片觸及率翻倍成長,視覺吸睛不求人。

品牌經營傳遞價值

學習 FB 溝通集客、運用 IG 述說親民話題、發布 LINE@ 生活圈分眾訊息技巧,打造企業品牌高人氣。

事半功倍行銷訣竅

粉專 / 社團經營、打卡、探索周邊、IG 視覺、LINE 群組、LINE 集點卡分享,眾多心法盡在其中。

鄭苑鳳 著　ZCT 策劃

贏在起跑點

FB+IG+LINE
社群媒體操作經營活用術
12堂一定要懂的聚客利基，提升精準行銷爆發力

依據需求掌握平台
內容廣泛示各社群媒體所提供的功能，搭配創意運用低行銷成本，經營出色的粉專、社團、生活圈。

品牌經營傳遞價值
學習 FB 溝通集客，運用 IG 洞察網民話題，發布 LINE@ 生活圈分眾訊息技巧，打造企業品牌魅力人氣。

功能評測降低障礙
濾鏡形、構圖、濾鏡、編製全包，讓霧片幅及率翻倍成長，網質吸睛不求人。

事半功倍行銷訣竅
粉客／社團經營、打卡、探索周邊、IG 視覺、LINE 群組、LINE 集點卡分享，更多心法盡在其中。

鄭苑鳳 著 ZCT 策劃

作　　者：鄭苑鳳 著、ZCT 策劃
責任編輯：Cathy

董 事 長：蔡金崑
總 編 輯：陳錦輝

出　　版：博碩文化股份有限公司
地　　址：221 新北市汐止區新台五路一段 112 號 10 樓 A 棟
　　　　　電話 (02) 2696-2869　傳真 (02) 2696-2867

發　　行：博碩文化股份有限公司
郵撥帳號：17484299　戶名：博碩文化股份有限公司
博碩網站：http://www.drmaster.com.tw
讀者服務信箱：dr26962869@gmail.com
訂購服務專線：(02) 2696-2869 分機 238、519
（週一至週五 09:30 ～ 12:00；13:30 ～ 17:00）

版　　次：2020 年 1 月初版
　　　　　2020 年 12 月初版五刷
建議零售價：新台幣 500 元
I S B N：978-986-434-466-6
律師顧問：鳴權法律事務所 陳曉鳴律師

本書如有破損或裝訂錯誤，請寄回本公司更換

國家圖書館出版品預行編目資料

贏在起跑點 !FB+IG+LINE 社群媒體操作經營
活用術：12 堂一定要懂的聚客利基，提升
精準行銷爆發力 / 鄭苑鳳作 . -- 初版 . -- 新
北市：博碩文化，2020.01
　　面；　公分

ISBN 978-986-434-466-6(平裝)

1.網路行銷 2.網路社群

496　　　　　　　　　　　　　108022334

Printed in Taiwan

博碩粉絲團

歡迎團體訂購，另有優惠，請洽服務專線
(02) 2696-2869 分機 238、519

商標聲明

本書中所引用之商標、產品名稱分屬各公司所有，本書引用
純屬介紹之用，並無任何侵害之意。

有限擔保責任聲明

雖然作者與出版社已全力編輯與製作本書，唯不擔保本書及
其所附媒體無任何瑕疵；亦不為使用本書而引起之衍生利益
損失或意外損毀之損失擔保責任。即使本公司先前已被告知
前述損毀之發生。本公司依本書所負之責任，僅限於台端對
本書所付之實際價款。

著作權聲明

本書著作權為作者所有，並受國際著作權法保護，未經授權
任意拷貝、引用、翻印，均屬違法。

Facebook 是全球最熱門且擁有最多會員人數的社群網站，不管是視訊直播、相機濾鏡、限時動態、粉絲專頁、社團、建立活動、地標、打卡、商品標註、票選活動…等，單單「直播」這項功能就讓許多企業的銷售業績不斷攀升。Instagram 是年輕人最受歡迎的社群，它結合手機拍照與分享照片，讓手機拍照後快速加入各種美美的藝術特效，然後馬上分享給朋友或 Facebook、Twitter、Flickr 等社群網站，很多網紅、藝人運用這個社群來引更多人的注意與追蹤，是經營個人風格或商品的最佳平台之一。而 LINE 是現今使用率最高的免費通話與通訊軟體，除了可以免費打電話或視訊交流外，還可以將朋友群組在一起進行行銷推廣或分享，甚至是透過集點卡的管理功能來服務顧客。

如果你會同時使用 Facebook、Instagram、LINE 三大超猛的集客行銷技巧，那麼不用花大錢行銷，也能讓自家的品牌買氣紅不讓。這本書除了介紹這三大社群的各種使用技巧外，對於各種行銷觀念、社群集客祕笈、行銷要訣、粉專管理技巧、貼文撰寫祕訣、創意圖像的包裝、社群的整合行銷…等都有所著墨。許多課堂上學不到的吸客大法，本書都加以說明，讓商家能夠以小博大，以最小的成本創造出最大的利潤。

如果你尚未深入研究 Facebook、Instagram、LINE 三大社群，可能很多功能都不知道，也不知如何善用這些功能來行銷你的品牌 / 商品，而本書循序漸進的介紹各種使用技巧與行銷方式。假如你想突破網路行銷的困境，利用粉絲專頁或社群來經營你的商品、增加實體店面的業績、吸引大批追蹤者的關注，那麼這本書絕對是你的好夥伴，能靈活運用社群來行銷，就能以最小的預算達到最大化的行銷目的。

本書以嚴謹的態度，搭配圖說做最精要的表達，期望大家降低閱讀的壓力，輕鬆掌握社群行銷宣傳的要訣。

目錄

CONTENTS

03 粉絲專頁的贏家必勝經營攻略

04 最霸氣的 Facebook 實店業績行銷祕笈

05 高手必讀的社團集客心法

06 讓粉絲大把掏錢的 IG 視覺行銷實戰

07 觸及率翻倍的 IG 拍照與吸睛大法

08 地表最強的標籤與限時動態拉客錦囊

09 一次到位的 IG+FB 逆天行銷術

10 LINE 社群行銷

⑪ LINE@ 生活圈

LINE@ 進階設定與服務

達人必學的
社群行銷黃金入門課

1

▶ 社群行銷的關鍵心法
▶ 社群行銷的四大逆天特性

網際網路（Internet）蓬勃發展下，無論是民族、娛樂、通訊、政治、軍事、外交等，全都受到 Internet 的影響，我們的生活基本上已經離不開網路，而與網路最形影不離的就是「社群」。社群的觀念可從早期的 BBS、論壇、部落格，及後發展至今的 Plurk（噗浪）、Twitter（推特）、Pinterest、Instagram、微博和 Facebook，主導了整個網路世界中人跟人的對話，網路傳遞的主控權已快速移轉到網友手上。

⭐ Facebook 當年掀起的「偷菜」熱潮

Facebook 的出現令民眾生活型態大為改變，當時的開心農場遊戲更成為熱搜排行榜，預計目前全球使用人數早已突破 25 億，打卡（在 FB 上標示所到之處的地理位置）這項有趣的功能使得它一躍成為國人最愛用的社群網站。

社群行銷的關鍵心法

越來越多五花八門的網路社群針對特定議題交流意見，形成新興流行，隨著電子商務的發展，也興起了社群行銷的模式，嘗試提供企業更精準洞察消費者的需求，並帶動網站商品的社群商務效益。Facebook 創辦人 Mark Zuckerberg：「如果我一定要猜的話，下一個爆發式成長的領域就是社群商務（Social Commerce）」，今日的的社群媒體，已進化成擁有策略思考與商務能力的利器，社群平台的盛行，讓全球電商們有了全新的商務管道。簡單來說，好好利用社群媒體，不用花大錢，小品牌也能在市場上佔有一席之地。

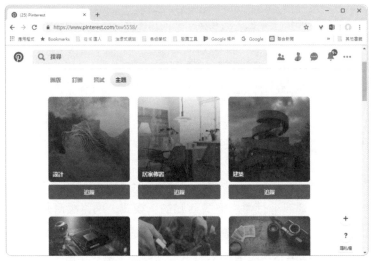

⭐ Pinterest 在社群行銷導購上成效都十分亮眼

> 💬 **TIPS** 「**Pinterest**」的名字由「Pin」和「Interest」組成，是接觸女性用戶最高 CP 值的社群平台，是個強烈以興趣為取向的社群平台，擁有豐富的飲食、時尚、美容的最新訊息，是圖片分享類的社群網站。

美國影星 Will Smith 曾演過一部電影 *Six Degrees of Separation*，劇情是描述 Will Smith 為了想要實踐六度分隔的理論而去偷了朋友的電話簿，並進行冒充的舉動。簡單來說，這個世界是緊密相連著的，只是人們察覺不出來，地球就像 6 人小世界，假如你想認識美國總統，只要找到對的人，在 6 個人之間就能得到連結。隨著全球行動化與資訊的普及之下，預測這個數字還會下降，根據 Facebook 與米蘭大學所做的研究顯示，六度分隔理論已經走入歷史，現在是「四度分隔理論」。

⭐ 美國總統川普經常在推特上發文表達政見

👍 **TIPS** 推特（Twitter）是國外的社群網站，允許用戶將自己的最新動態和想法以最多140字的文字更新形式發送至網站社群中，有點像是隨手記事的個人專屬留言版，由於簡短好用，和朋友互動更為頻繁，可將人與人的聊天哈拉連結成網路話題，並達到商業資訊交流的功能，形成更為緊密的關聯。

🌐 網路經濟到粉絲經濟

蒸氣機的發明帶動了工業革命，網路的發明則帶動了網路經濟革命，網路經濟就是利用網路通訊進行傳統經濟活動的新模式，網路經濟是分散式的經濟，有別於傳統經濟方式，其最重要的優點就是可以去除傳統中間化，降低市場交易成本，使得整個經濟體系的市場結構產生變化，讓自由市場更有效率地靈活運作。在傳統經濟時代，價值是來自產品的稀少珍貴性，但網路經濟下的產品的價值則是取決於總使用人數，亦即越多人有這個產品，其價值自然越高。

⭐ 相當懂得經營粉絲經濟的蘭芝化妝品

各位平時有沒有一種經驗，當心中浮現出購買某種商品的欲望，常會不自覺打開 Facebook、Instagram、LINE 或各式網路平台，搜尋網友對該項商品的購買使用心得，比起一般傳統廣告，現在的消費者更相信朋友的介紹或是網友的討論，根據國外最新的統計，88% 的消費者會被社群其他消費者的意見或評論所影響，表示 C2C（消費者影響消費者）模式的力量越來越大，已經深深影響大多數重度網路使用者的購買決策，這就是社群口碑的力量，而這股勢力漸漸的發展出另一種網路經濟模式，稱為粉絲經濟。

所謂粉絲經濟可說是基於社群而形成的一種經濟思維，透過交流、推薦、分享、互動，不但是一種聚落型經濟，且社群成員之間的往來更是粉絲經濟運作的動力來源，亦即是架構在粉絲（Fans）和被關注者關係之上的經營性創新行為。我們可以這樣形容，品牌和粉絲就像戀人，要做好粉絲經營必須了解粉絲到社群是來分享心情，而不是來看廣告，現在的消費者早已厭倦了老舊的強力推銷手法，唯有仔細傾聽彼此需求，關係才能走得長遠。

用心回覆訪客貼文是提升商品信賴感的方式之一

⭐ 桂格燕麥粉絲專頁經營就相當成功

打破同溫層的迷思

社群網路是會隨著時間演變成長，代表著一群群彼此互動關係密切且有著共同興趣的用戶，用戶人數也會越來越廣，成功關鍵就在於是否有清晰明確的定位，無論在任何平台的社群行銷策略，找到社群行銷的受眾絕對是第一要務，在建立目標受眾時，看看能否抓到自己的客群、同溫層，成為社群的品牌領袖。就像拓展難以計數的人脈般，正面與負面訊息都容易經過社群被迅速傳播，以此提升社群活躍度和影響力。到了網路虛擬世界，群體迷思會更加凸顯，個人往往會感到形單影隻，特別是容易受到同溫層（echo chamber）效應的影響。

「同溫層」是行銷圈中出現的熱點名詞，代表當用戶在社群閱讀時，往往傾向於點擊與自己主觀意見相合的信息，而對相反的內容視而不見，大部分的人願意花更多的時間在與自己立場相同的言論互動，只閱讀自己有興趣或喜歡的議題，這也意味你可能因此生活在社群平台為你建構的同溫層中。亦即與我們生活圈接近且互動頻繁的用戶，通常同質性高，所獲取的資訊也較為相近，較願意接受與自己立場相近的觀點，對於不同觀點的事物，則選擇性地忽略，進而形成一種封閉的同溫層現象。

同溫層效應絕大部分也是和目前許多社群會主動篩選貼文內容有關，在社群演算法邏輯下，會透過用戶過去的偏好，推播與你相同或是相似的想法與言論。例如用戶在 Facebook 與 Instagram 的分享文，除非進行某種設定調整，否則大多只能在自己的朋友圈中「打天下」，這些曝光度多半停留在「自己人」的生活圈。

同溫層現象成了當紅課題，行銷圈人人都要懂，必須打破「同溫層」現象，走進不同群體才是王道，許多店家在研擬社群行銷策略時，多半傾向自身所善用的管道進行宣傳，並且把重點擺在原有建立的同溫層平台，卻因而錯過更多與潛在消費者溝通的機會。

📱 指尖下的 SoLoMo 模式

現在走在街上，幾乎人手一台智慧型手機，越來越多網路社群提供了行動版的行動社群 App，透過手機使用社群的人口正在快速成長，形成行動社群網路（mobile social network）。

身處行動社群網路時代，有許多店家與品牌在 SoLoMo（Social、Location、Mobile）模式中趁勢而起。所謂 SoLoMo 模式是由 KPCB 合夥人 John Doerr 在 2011 年提出的一個趨勢概念，強調「在地化的行動社群活動」，主要是受到行動裝置的普及和無線技術的發展，讓顧客同時受到社群（Social）、行動裝置（Mobile）、以及本地商店資訊（Local）的影響，故稱為 SoLoMo 消費者，代表行動時代消費者會有以下三種現象：

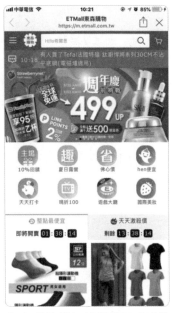

💡 行動社群行銷提供即時購物商品資訊

- 社群化（Social）：在行動社群網站上互相分享內容已經是家常便飯，很容易可以仰賴社群中其他人對於產品的分享、討論與推薦。

- 行動化（Mobile）：民眾透過手機、平板電腦等裝置隨時隨地查詢產品或直接下單購買。

- 本地化（Local）：透過即時定位找到最新最熱門的消費場所與店家的訊息，並向本地店家購買服務或產品。

SoLoMo 模式將行銷傳播社群化、在地化、行動化，也就是隨時隨地都在使用手機行動上網，並且尋找在地最新資訊的現代人生活型態，也已經成為一種日常生活中不可或缺的趨勢。例如想找一家性價比高的餐廳用餐，透過行

動裝置上網與社群分享的連結，藉由適地性服務（LBS）找到附近的口碑不錯的用餐地點，就是 SoLoMo 最常見的生活應用。

> 👍TIPS **適地性服務（Location Based Service, LBS）**或稱為「定址服務」，是行動領域中相當成功的環境感知的創新應用，就是指透過行動隨身設備的各式感知裝置，例如當消費者在到達某個商業區時，可以利用手機等無線上網終端設備，快速查詢所在位置周邊的商店、場所以及活動等即時資訊。

📖 品牌行銷的小心思

我們可以這樣形容：「行銷是手段，品牌才是目的！」。透過社群行銷的助攻，品牌逐漸形成一股顯學，更成為熱詞進入越來越多商家與專業行銷人的視野。品牌（Brand）就是識別標誌，也是一種企業價值理念與商品質優異的核心體現，品牌建立的目的即是要讓消費者無意識地將特定的產品或需求與品牌精神連結在一起。

⊕ 許多默默無名的品牌透過社群行銷而爆紅

在消費者如此善變的時代，品牌行銷的成效將深切影響顧客的第一印象，品牌滿足感往往驅動消費者再次回購的意願，例如蝦皮購物平台在進行社群行銷的終極策略是「品牌大於導購」，有別於一般購物社群把目標放在導流上，他們堅信將品牌建立在顧客的生活中，讓品牌在大眾心目中有好印象才是現在的首要目標。

⭐ 蝦皮購物為東南亞及台灣最大的行動購物平台

🌐 社群行銷的四大逆天特性

我們的生活受到行銷活動的影響既深且遠，行銷的英文是 Marketing，簡單來說，就是「開拓市場的行動與策略」。行銷策略就是在有限的企業資源下，盡量分配資源於各種行銷活動。Peter Drucker 曾經提出：「行銷（marketing）的目的是要使銷售（sales）成為多餘，行銷活動是要造成顧客處於準備購買的狀態。」最後讓行銷成為投資而不是成本，達到雙贏的局面。

全世界都嗅到了這股顯而易見的行銷吸金風潮，社群平台就是能提供用戶累積社交資本，透過提高其聲望與創造多元的社群關係，得到較高的行銷利益。企業要做好社群行銷，一定

⭐ 小米機成功運用社群行銷贏取大量粉絲

要懂得善用社群媒體的四大特性，社群行銷的核心是參與感，面對社群即是面對消費者，例如紅極一時的小米機用經營社群與粉絲，發揮口碑行銷的最大效能，使得小米品牌的影響力能夠迅速在市場上蔓延。

社群行銷（Social Media Marketing）真的有那麼大威力嗎？根據統計指出，有 2/3 美國消費者購買新產品時會先參考社群上的評論，且有 1/2 以上受訪者會因為社群媒體上的推薦而嘗試新品牌。雖然大多數人都知道如何建立 Facebook 粉絲專頁、Instagram 帳號、LINE@ 帳號、YouTube 頻道等等，然而社群行銷有趣靈活之處在於它沒有既定標準。隨著社群的行為模式越來越複雜，店家或品牌要做好社群行銷，就得改變傳統行銷思維，所謂「戲法人人會變，各有巧妙不同」，首先就必須了解社群行銷的四大逆天特性。

📷 分享性

在社群行銷的層面上，「分享與互動」絕對是經營品牌的必要成本，要能與消費者引發「品牌對話」的效果，最重要的是活躍度。社群並不是一個可以直接販賣銷售的工具，有些品牌覺得設了一個 Facebook 粉絲頁面，三不五時在上面貼貼文，就可以趁機打開知名度，讓品牌能見度大增，這種想法是大錯特錯，許多人成為你的粉絲，不代表他們就一定想要被你推銷。

🔘 陳韻如小姐靠著分享瘦身經驗帶來大量的粉絲

社群最強大的功能是社交，網友的特質是「喜歡分享」、「需要溝通」、「心懷感動」，經營社群網路需要時間與耐心經營，其中互動率並不是單純的數字高低，而是相對他給你的觸及數比例，因為許多社群演算法的運作依據是越多互動，反而就會把你的內容給越多人看，進而提高品牌曝光率與顧客觸及率，許多平台其實看不懂你寫了什麼，它只看得到網友的反應與行為互動數據。

切記！一個按讚又點連結的群眾，會遠高於單獨按讚或者單獨點連結所帶來的商業效應。

分享更是社群行銷的終極武器，例如在社群中分享顧客的真實小故事，或連結到官網及品牌社群網站等，絕對會比廠商付費的推銷文更容易吸引人，亦即商業性質太濃反而容易造成反效果，如果粉絲頁一直要推銷賣東西，消費者將不再追蹤這個粉絲頁。

社群上相當知名的 iFit 愛瘦身粉絲團，已經建立起全台最大瘦身社群，創辦人陳韻如小姐藉由經常分享自己的瘦身經驗，除了將專業的瘦身知識以淺顯短文方式表達，強調圖文整合，穿插討喜的自製插畫，搭上現代人最重視的運動減重的風潮，讓粉絲感受到粉絲團的用心分享與互動，難怪讓粉絲團大受歡迎。

🧑 多元性

想要把社群上的粉絲都變成顧客嗎？掌握平台特性也是個關鍵，社群媒體已經對傳統媒體產生了替代效應，Facebook、Instagram、LINE、Twitter、SnapChat、YouTube 等 各 大社群媒體，早已經離不開大家的生活，社群的魅力在於它能自己滾動，必須清楚自己該製作和分享什麼內容在社群上，因此社群行銷之前必須找到消費者者愛用的社群平台進行溝通。

由於用戶組成十分多元，觸及受眾也不盡相同，每個社群網站都有其所屬的主要客群跟使用偏好，在社群中每個人都可以發聲，也都有機會創造出新社群，因此社群變得越來越多元化，平台用戶樣貌也各自不同，唯有

⭐ SnapChat 是目前相當受到歐美年輕人喜愛的社群平台

因應平台特性，釐清自家商品定位與客群後，再依客群的年齡、興趣與喜好擬定行銷策略。

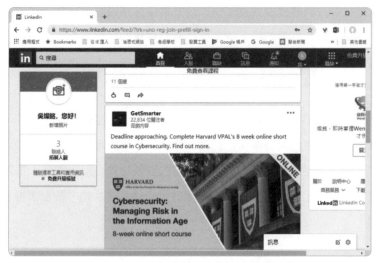

⭐ LinkedIn 是全球最大專業人士社群網站

「粉絲多不見得好，選對平台才有效！」首先要避免都想分一杯羹的迷思，要找到品牌真正需要的平台，成功關鍵就在於是否有清晰明確的定位，社群行銷因應品牌的屬性、目標客群、產品及服務，應該根據社群媒體不同的特性，訂定社群行銷策略，千萬不要將 FB 內容原封不動轉分享 IG，除了讓人搞不清該看 FB 還是 IG，也會導致定位不明確的奇怪感覺。例如 WeChat（微信）及 LINE 在亞洲世界非常熱門，而且各自有特色，而 Pinterest、Twitter、Snapchat 及 Instagram 則在西方世界超紅。特別是 Twitter，雖然有限制發文字數，不過有效、即時、講重點的特性在歐國各國十分流行。

⭐ Gap 透過 IG 發佈時尚潮流短片，帶來業績大量成長

如果想要經營年輕族群，Instagram 是在全球這波「圖像比文字更有力」的趨勢中，崛起最快的社群分享平台；至於 Pinterest 則有豐富的飲食、時尚、美容的最新訊息；LinkedIn 堪稱是目前全球最大的專業社群網站，其客群大多為較年長，且有求職需求者，常有的產業趨勢及專業文章，對於企業用戶會有事半功倍的效果。至於零散的個人消費者，推薦使用 Instagram 或 Facebook 都很適合，特別是 FB 能夠廣泛地連結到每個人生活圈的朋友跟家人。

連結性

社群行銷成功的關鍵字不在「社群」而是「連結」！即使連結形式和平台不斷在轉換，消費者還是可以藉由行動裝置的緊密連結，與有相同愛好者分享訊息。社群行銷的難處在於如何促使粉絲停留，好處卻是忠誠度所帶來的「轉換率」，要做社群行銷，就要牢記不怕有人批評你，只怕沒人討論你的鐵律。店家要做的是贏取粉絲信任，過程中必須要不斷為議題找話題，創造同感和粉絲產生連結再連結，讓粉絲常常停下來看你的訊息，透過貼文的按讚和評論數量，來了解每個連結的價值。因為這是與「人」相關的經濟，「熟悉衍生喜歡與信任」是廣受採用的心理學原理，進而提升粉絲黏著度，強化品牌知名度與創造品牌價值。

⊕ 蘭芝懂得利用不同社群來培養網路小資女的黏著度

例如隸屬韓國 AMORE PACIFIC 集團的蘭芝（LANEIGE）品牌，主打具有韓系特點的保濕商品，其粉絲團在品牌經營的策略就相當成功，主要目標是培養與粉絲的長期關係，為品牌引進更多新顧客，務求成為每天都能跟粉絲聯繫與互動的平台，這就是增加社群歸屬感與黏著性的好方法，安排專人到粉絲頁維護留言，將消費者牢牢攬住。

由於所有行銷的本質都是「連結」，對於不同受眾來說，需要以不同平台進行推廣，因此各平台間的互相連結，能引起消費者的討論熱度和延續更長的時間，自然成為推廣品牌最具影響力的管道之一。

每個社群都有它獨特的功能與特點，社群行銷往往都是因為「連結」而提升，建議各位可到上述的各個社群網站都加入會員，了解顧客需求並實踐顧客至上的服務，只要有行銷活動就將訊息張貼到這些社群網站，或是讓這些社群相互連結，只要連結的夠成功，「轉換」就變成自然而然，還可增加網站或產品的知名度，大量增加商品的曝光機會，讓許多人看到你的行銷內容並產生興趣，最後採取購買的行動。

📷 傳染性

社群行銷本身還是商務與行銷的一個過程，許多人做社群行銷，經常只顧著眼前的業績目標，妄想一步登天式的成果，忘了經營社群網路需要一定的時間與耐心，且行銷內容一定要有梗，畢竟在社群世界，每個人都是一個媒體中心，可以快速的自製並上傳影片、圖文，要在「吵雜紛擾」的社群世界脫穎而出就得從內容下功夫，也能聚集人氣，例如兩個功能差不多的商品放在消費者面前，只要其中一個商品多了「人氣」的特色，消費者就容易有了選擇的依據，激發粉絲有初心來使用推出的產品，利用口碑、邀請、推薦和分享，在短時間內提高曝光率，潛移默化中把粉絲變成購買者，形成現有顧客吸引未來新顧客的傳染效應。

👍 **TIPS** 一篇好的貼文內容就像說一個好故事，沒人愛聽大道理，觸動人心的故事反而更具行銷感染力，幫你的產品或品牌說一個好故事，其中又以影片內容最為有效可以吸引人點閱。內容行銷必須更加關注顧客的需求，因為創造的內容還是為了某種行銷目的，銷售意圖絕對要小心藏好，也不能只是每天產生一堆內容，必須長期經營並追蹤與顧客的互動。

2014 年由美國漸凍人協會發起的冰桶挑戰賽就是一個善用社群媒體來進行使用者創作內容（UGC）行銷的成功活動。這次的公益活動是為了喚醒大眾對於肌萎縮側索硬化症（ALS），俗稱漸凍人的重視，挑戰方式很簡單，志願者可以選擇在自己頭上倒一桶冰水，或是捐出 100 美元給漸凍人協會。除了被冰水淋濕的畫面，滿足人們的感官樂趣，加上活動本身簡單、有趣，更獲得不少名人加持，讓社群討論、分享、參與活動甚至變成一股潮流，不僅表現個人對公益活動的關心，也和朋友多了許多聊天話題。

⭐ Facebook 創辦人 Mark Zuckerberg 也參加 ALS 冰桶挑戰賽

👍 **TIPS** 使用者創作內容（**User Generated Content, UGC**）行銷是代表由使用者來創作內容的行銷方式，這種聚集網友創作的內容，也算是數位行銷手法的一種，可以看成是由品牌設立一個短期的行銷活動，觸發網友積極參與影像、文字或各種創作的熱情，使廣告不再只是廣告，不僅能替品牌加分，也讓網友擁有表現自我的舞台，讓每個參與的消費者更靠近品牌。

MEMO

流量變現金的
Facebook 行銷初體驗

2

- ▶ 我的 Facebook 行銷
- ▶ Facebook 基本集客祕笈
- ▶ 觸動人心的直播行銷

Facebook 簡稱為 FB，中文名為臉書，是目前最熱門且擁有最多會員數的社群網站，也是眾多社群網站中，最為廣泛地連結每個人日常生活圈朋友和家庭成員的社群。自從 FB 在台灣火熱流行之後，小自賣雞排的攤販，大至知名品牌、企業的大老闆，都開始設置與經營粉絲專頁（Fans Page），並透過打卡與分享照片，讓周遭朋友獲悉個人曾去過的地方和近況。

「交友邀請」能夠馬上列出你可能認識的朋友，也可以看出彼此的共同朋友有多少

例如餐廳給來店消費打卡者折扣優惠，利用 Facebook 粉絲團增加品牌業績，對店家來說是接觸大眾最普遍的管道之一，更是人們最愛用的社群網站。

想玩遊戲，由 Facebook 右側按下「更多」鈕，有更多遊戲可以選擇

我的 Facebook 行銷

許多人每天一睜開眼就先連結 Facebook，關注朋友們的最新動態，或是透過朋友的分享也能從中獲得更多更廣泛的知識，一旦搞懂如何利用其龐大的社群網路系統，藉由社群的人氣來增加粉絲們對企業品牌的印象，必能有利於聚集目標客群。

動態消息可以看到 Facebook 朋友所發佈的訊息

現在無論是大型企業、公司、品牌與店家，甚至是『網紅』，都在經營 Facebook 吸引關注。所謂網紅（Internet Celebrity）並非全新的行銷模式，就像過去品牌找名人代言，將產品與名人相結合來提升本身品牌價值，與其企業砸重金請明星代言，還不如請網紅推薦，甚至有可能讓廠商業績翻倍，素人網紅在目前的社群平台似乎更具說服力，網紅通常在網路上擁有大量粉絲群，平常生活中就和你我一樣，但在網路世界中加上了與眾不同的獨特風格，很容易讓粉絲就產生共鳴。

⊙ 館長與蔡阿嘎是台灣當紅的網紅代表人物

社群行銷所追求的目標當然是受眾越多越好，不過經營 Facebook 行銷真的稱得上是百年大計，如果你認為只是申請一個 FB 帳號，產品就能順利銷售出去，則奉勸盡早從這個美夢中醒來，因為要成立粉絲專頁門檻很低，但要能成功經營卻很難，按讚只是粉絲，但不等於客戶，充其量是有潛在顧客的可能，絕對必需要花費一段時間做功課。

以目前企業或店家考慮要投入社群行銷之時，腦海中想得到的第一個社群平台多半還是 Facebook，其使用者多數還是習慣以文字做為主要溝通與傳播媒介，除了用戶族群差異，平台成長幅度也完全不同，社群行銷必須先選定戰場，再談戰略與方向。我們知道 FB 本身是媒體平台，以內容為核心，最主要是用來發表訊息，用戶同時扮演著發表者與接收者的雙重角色，跟 LINE 相比，FB 就像一個大眾廣告平台，而 LINE 則偏重在私人的關係建立與維持。簡單來說，FB 的傳播面廣，精於曝光行銷；LINE 則轉化率高，可以達到精準行銷的效果。

若想利用 Facebook 的龐大社交網路系統，首先必須了解其特性與相關功能，發文人人都會，關鍵在於什麼樣的內容能夠真正吸引有共同興趣的粉絲，許多店家或品牌最常犯的錯也是把 FB 當成廣告平台在經營，那些沒有社交價值的內容基本上都是扣分，若是這樣，建議不如直接買廣告算了，我們要的是增加粉絲們對於企業品牌的印象，有利於聚集目標客群，帶動業績成長，才可用最小的成本，達到最大的行銷效益。

🖥 申請 FB 帳號

建立 Facebook 新帳號其實很簡單，首先要有一個電子郵件帳號（E-mail），也可以使用手機號碼作為帳號，接著啟動瀏覽器，於網址列輸入網址（https://www.facebook.com/r.php），就會看到如下的網頁，請在「建立新帳號」處輸入姓氏、名字、手機號碼或電子郵件、設定密碼、生日、性別等各項資料，完成後按下「註冊」鈕，再經過搜尋朋友、基本資料填寫與大頭貼上傳，就能完成註冊程序。

1. 新會員由此輸入個人基本資料

2. 按下「註冊」鈕完成註冊程序

Facebook 為個人使用,並不允許共同帳號,所以在申請帳號時,會要求所有的會員必須使用平常使用的姓名,或是朋友對會員的稱呼。如果使用了非「系統認定」的本名或雙疊字就會遭到警告,申請時務必要建立真實的身分,避免遭停權。

登入會員帳號

擁有 Facebook 的會員帳號後,任何時候就可以在首頁輸入電子郵件或電話和密碼,按下「登入」進行登入。而同一部電腦如果有多人共同使用,在註冊為會員後也可以直接按大頭貼登入會員帳號。

會員由此輸入帳號和密碼登入

也可以按下大頭貼登入

Facebook 基本集客祕笈

不同的平台有其不同的最佳呈現方式,例如 Facebook 最佳的吸睛方式是文字、圖片、影片之間的搭配連結,接著就從 FB 可運用到行銷的功能介紹起,讓大家對 FB 行銷應用有初步的認識。

請注意!由於 Facebook 功能更新速度相當快,若想即時了解各種新功能的操作說明,可以在視窗底端按下「使用說明」的連結,進入下圖的說明頁面,即可搜尋要查詢的問題,並看到大家常關心的熱門主題。

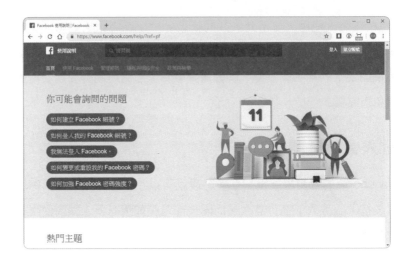

新增相機

在「圖像比文字更有力」的社群趨勢中,當拍攝的相片不夠漂亮時,將很難吸引用戶們的目光,若能將自己用心拍攝的圖片加上貼文發至行銷活動中,對於提升粉絲的品牌忠誠度有相當的幫助。根據官方統計,Facebook 上最受歡迎、最多人參與的貼文中,就有高達 90% 以上是有關相片貼文。

Facebook 內建的「相機」功能包含數十種的特效，讓用戶可使用趣味或藝術風格的濾鏡特效拍攝影像，像是邊框、面具、互動式特效…等，只需簡單的套用，便可讓照片充滿搞怪及趣味性，如下二圖所示。

⭐ 同一人物，套用不同的特效，產生的畫面效果就差距很大

要使用手機上的「相機」功能，請先按下右上角的 💬 鈕，接著按下 📷 鈕進入相機拍照的狀態。在螢幕下方選擇各種的效果按鈕來套用，選定效果後按下圓形按鈕就完成相片特效的拍攝。

相片拍攝後，螢幕上方還提供多個按鈕，除了可隨手塗鴉任何色彩的線條外，也能使用打字方式加入文字內容，或是加入貼圖、地點和時間。如右下圖所示：

由上而下依序為「塗鴉」、「打字」、「貼圖」、「剪裁」、「特效」等

可加入貼圖、地點、時間等物件

螢幕下方則有「儲存」與「限時動態」二種按鈕，按下「儲存」是將相片儲存到自己的裝置中，而「限時動態」則是發佈貼文後在 24 小時內自動消失。

🎬 動態消息

不管是電腦版或手機版，首頁即是在登入 Facebook 時看到的內容；其中包括動態消息，以及朋友、粉絲專頁與其一連串貼文（持續更新）。FB 官方解釋，動態消息的功能就是讓使用者看見與自己最相關的內容，隨時可以發表貼文、圖片、影片或開啟直播視訊，讓所有的朋友得知你的訊息或是想傳達的思想理念。

動態消息上的行銷訊息也能在好友們的近況動態中發現，且能透過按讚及分享觸及到好友以外的客群，而達到行銷到朋友的朋友圈中，迅速擴散您的行銷商品訊息或特定理念。

動態消息區可建立貼文、上傳相片/影片、或做直播

「建立貼文」可以由下方的圖鈕點選背景圖案，讓貼文不再單調空白，而按下右側的 ▦ 鈕還有更多的背景底圖可以選擇。

1. 選取背景圖案

2. 輸入文字內容

按此鈕有更多的底圖可以選用

3. 按「發佈」鈕發佈貼文

希望每次開啟 Facebook 都能將關注的對象或粉絲專頁動態消息呈現出來，搶先觀看而不遺漏嗎？可以透過「動態消息偏好設定」的功能來自行決定。請由視窗右上角按下 ▼ 鈕，下拉選擇「動態消息偏好設定」指令，接著在「偏好設定」視窗中點選「排定優先查看的對象」，再於不想錯過的對象上按下左鍵，大頭貼的右上角就會出現藍底白星的圖示 ⭐，依序設定後，動態消息頂端就會隨時顯現這些朋友的貼文。

🧑 限時動態

限時動態（Stories）功能相當受到年輕世代喜愛，它能讓 Facebook 的會員以動態方式來分享創意影像，跟其他社群平台不同之處是多了很多有趣的特效和人臉辨識互動玩法，這在行銷的亮點上，不僅符合經濟效益，其促成的品牌指標提升效果更是不容小覷。而這項源自於歐美年輕人喜愛的 SnapChat 社群平台上的限時消失功能，自推出以來，FB 限時動態每日經常用戶數已超過 1.5 億。所謂限時動態功能是它會將所設定的貼文內容於發佈24 小時之後自動消失，除非使用者選擇同步將內容發佈到塗鴉牆上，不然時間一到就再也看不到了。

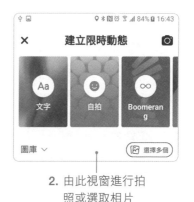

1. 按下此鈕新增限時動態

2. 由此視窗進行拍照或選取相片

相較於永久呈現在塗鴉牆的照片或影片，對於一些習慣刪文的使用者來說，應該更喜歡分享稍縱即逝的動態，對品牌行銷而言，限時動態不但已經成為品牌溝通重要的管道，加上又是 24 小時閱後即焚的動態模式，會讓用戶更想常去觀看「當下生活與品牌花絮片段」的限時內容。各位若要發佈自己的「限時動態」，請在手機 Facebook 上找到如上所示的「新增到限時動態」，按下「+」鈕就能進入建立狀態，透過選擇圖庫照片或是將拍照方式來進行分享。

🗨 聊天室與即時通訊 Messenger

現在的 Facebook 社群囊括了各式的創新科技，聊天室正是其中之一，當各位開啟 FB 時，有哪些臉友也在線上？從右下角的「聊天室」便可看得一清二楚。

已上線的 Facebook 朋友都可由此得知，目前顯示有 31 人上線

看到熟悉的粉絲正在線上，想打個招呼或進行對話，可直接從聊天室的清單中點選名字，就能在開啟的視窗中即時進行訊息的傳送，最特別的是Facebook 聊天室現在也能使用聊天機器人，並且可以在特定問題部分進行客製化服務。

點選此處，可前往該網友的 Facebook 進行瀏覽

2. 開啟聯絡人視窗，由此　　　　1. 點選上線的聯絡人名稱
   輸入訊息或傳送資料

所開啟的 Facebook 聯絡人視窗，除了由下方傳送訊息、貼圖或檔案外，欲再拉朋友一起進來聊天、視訊、語音通話，都可由視窗上方點選。

此外，按下該聯絡人上方的「選項」🔧鈕，下拉選擇「以 Messenger 開啟」指令，也能開啟即時通訊視窗－ Messenger，讓各位專心地與好友進行訊息對話。

Facebook 的「Messenger」目前也已是企業新型態行動行銷工具，相較於EDM 或是 E-mail，Messenger 發送的訊息更簡短且私人，是最能讓店家靈活運用的管道，像是設定客服時間，讓消費者直接在線上諮詢，也能一次與大量的顧客對話，針對特定的群體發送群發訊息。

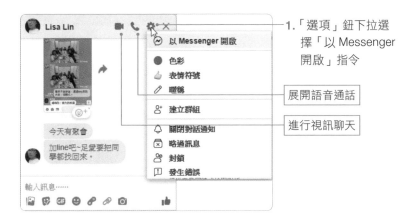

1.「選項」鈕下拉選擇「以 Messenger 開啟」指令

展開語音通話

進行視訊聊天

2. 開啟即時通訊視窗－Messenger

另外也可由 Facebook 首頁的左上方按下「Messenger」選項，就會進入 Messenger 的獨立頁面，點選聯絡人名稱即可進行通訊。

1. 點選「Messenger」

2. 點選朋友相片

由此可搜尋 Facebook 上的其他朋友

3. 在此輸入訊息、傳送檔案、或貼圖

視窗左側會列出曾經與對你對話過的朋友清單,並可加入店家的電話和指定地址,如果未曾通訊過的 Facebook 朋友,也可以在左上方的 🔍 處進行搜尋。在這個獨立的視窗中,不管聯絡人是否已上線,只要點選聯絡人名稱,就可以在訊息欄中留言給對方,當對方登入時自然會從右上角看到「收件匣訊息」💬 鈕有未讀取的新訊息。另外,利用 Messenger 除了直接輸入訊息外,也可以發送語音訊息、直接打電話,或是視訊聊天,相當的便利。

語音訊息,按下「播放」鈕可聽到聲音

有新訊息未讀取,這裡會顯示

選擇語音通話或視訊聊天

當各位的 Facebook 有行銷的訊息發佈出去後,朋友就可以透過 Messenger 來提問,所以經營粉絲專頁的人務必經常查看收件匣的訊息,對於網友所提出的問題務必用心的回覆,這樣才能增加品牌形象,提升商品的信賴感。

🖼 上傳相片與標註人物

Facebook 的「相片」功能相當特別也非常友善,它可以讓你記錄個人的精彩生活,依照拍攝時間和地點來管理自己的相簿,同時也能讓 FB 上的朋友們分享你的生活片段,從所上傳的照片或影片中更了解你。

凡是 Facebook 上的朋友，只要點選他們的大頭貼，進入他們的 FB 頁面後，就可以從「相片」中了解此人的習性與喜好

此外，當朋友在相片中標註你的名字後，該相片也會傳送到你的 Facebook 當中，並存放到你的「相片」標籤之中，讓你也能保留相片。

朋友在相片上標記你的名字，相片也會自動顯示在你的 Facebook 之中

個人 Facebook 的「相片」標籤

由此建立個人的相簿、新增相片或影片

想在 Facebook 成功獲得關注需要把握兩個基本要素：一是相片與產品呈現要融合一致；二是相片最好以說故事形式呈現。因此我們應來了解如何妥善管理相片，了解建立相簿的方法以及新增相片的方式。

請在「相片」標籤中按下 ＋建立相簿 鈕，將可把整個資料夾中的相片上傳到 Facebook 上，尤其是團體的活動相片，為活動記錄精彩片段也能讓參與者或未參與者感受當時的熱絡氣氛。在新增相簿的過程中，你也可以為相片中的人物標註名字，這樣該相片也會傳送到對方的「相片」中，讓被標註者感受到你對他的重視。

要特別注意的是，上傳的相片中有標註其他人時，除了你選擇的對象以外，被標註者和其他所有的朋友也都會看到這張相片，如果不希望被標註者的朋友也看到相片，就要前往該相片並開啟分享對象功能表，選擇編輯隱私設定，再選擇要分享的對象。

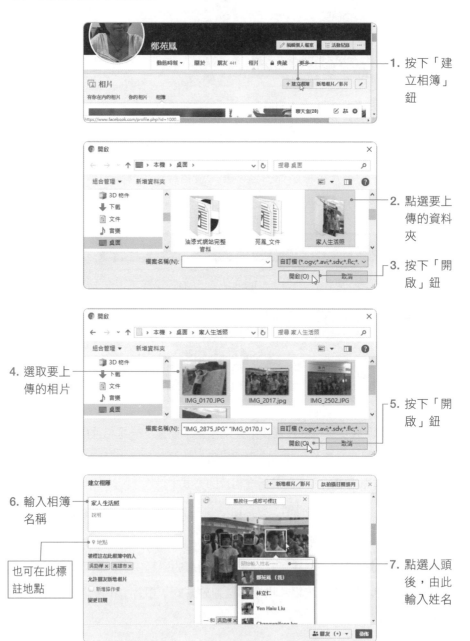

1. 按下「建立相簿」鈕

2. 點選要上傳的資料夾

3. 按下「開啟」鈕

4. 選取要上傳的相片

5. 按下「開啟」鈕

6. 輸入相簿名稱

也可在此標註地點

7. 點選人頭後，由此輸入姓名

加註的人名
會顯示於此

8. 按此鈕可
以選擇哪
些人可以
看到此內
容

9. 設定完成，按「發佈」鈕發佈出去

10. 相簿建
立完成

透過這樣的方式，被標註名字的人很快就會在「通知」🔔處看到如下的通
知了！

建立活動

想要招募新粉絲，辦活動應該是最快的辦法，在 Facebook 裡也可以為粉絲專頁舉辦活動或者建立私人活動。建立的私人活動只有受邀的賓客才會看到這場活動，主辦人可以選擇讓賓客邀請其他人，據統計有 30% 的網友會按讚粉絲頁，原因就是要參加活動。

1. 按下「建立」鈕

2. 下拉選擇「活動」

舉辦私人活動時可如左下圖於視窗中輸入活動名稱、地點、日期與說明文字，再上傳相片或影片做為活動宣傳照，這樣就可讓朋友和粉絲們知道活動內容。若是選擇在粉絲頁上建立活動，通常需要設定活動名稱、地點、時間、以及活動相片，倘若有更詳細的活動類型、關鍵字介紹，或是需要購置門票等，也可以進一步做說明，這樣就可讓粉絲們知道活動內容。

⭐ 建立私人活動

⭐ 建立公開活動

📸 將相簿 / 相片「連結」分享

想要分享 Facebook 中的相簿或相片給其他粉絲或朋友嗎？其實 FB 的相簿
或相片都有連結的網址，只要複製該連結網址給朋友就可以了，要取得連結
網址的方式如下：

2. 找到要分享的「相簿」

1. 切換到「相片」

3. 按右鍵於相簿上，執行「複製連結網址」指令

4. 複製該網址到 LINE 中，則任何點選此連結的人都可以看到相簿內容

如果是要分享相片，一樣是在相片上按右鍵，執行「複製連結網址」指令即
可取得連結網址。

加入其他社群按鈕

如果想將 Instagram、LINE、YouTube、Twitter…等社群按鈕加入到個人簡介中，請先將個人的 Facebook 切換到「關於」標籤，點選「聯絡和基本資料」的類別，在其頁面中將想要連結的社群和帳號設定完成，同時必須將模式設為「公開」，按下「儲存變更」鈕就可以完成設定。

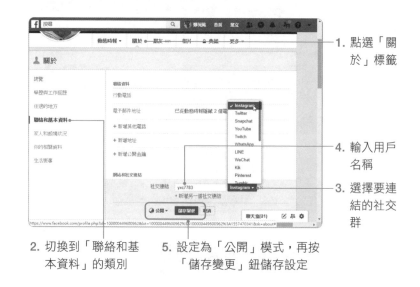

1. 點選「關於」標籤

4. 輸入用戶名稱

3. 選擇要連結的社交群

2. 切換到「聯絡和基本資料」的類別

5. 設定為「公開」模式，再按「儲存變更」鈕儲存設定

觸動人心的直播行銷

目前全球玩直播正夯，許多企業開始將直播視為行銷手法，消費觀眾透過行動裝置，特別是 35 歲以下的年輕族群觀看影音直播的頻率最為明顯，利用直播的互動與真實性吸引網友目光，從個人販售產品透過直播跟粉絲互動，延伸到電商品牌透過直播呈現出更真實的對話。直播行銷最大的好處在於進入門檻低，只需要網路與手機就可以開始，不需要專業的影片團隊，不管是明星、名人、素人，通通都可透過直播和粉絲互動。例如星座專家唐綺陽就是利用直播建立星座專家的專業形象，發展出類似脫口秀的節目。

直播預告

直播的內容隨
時都可在社群
上再次觀看

⭐ 星座專家唐綺陽靠直播贏得廣大星座迷的信任

😀 FB 直播不求人

直播成功的關鍵在於創造真實，有些很不錯的直播內容都是環繞著特定的產品或是事件，將產品體驗開箱拉到實況平台上，完整呈現產品與服務的狀況。要規劃一個成功的直播行銷，首先必須了解你的粉絲特性、規劃好主題、內容和直播時間，在整個直播過程中，也必須讓粉絲不斷保持著「what is next?」的好奇感，讓他們去期待後續的事件，才有機會抓住更多粉絲的眼球，達到翻轉行銷的能力。例如小米直播用電鑽鑽手機，證明手機依然毫髮無損，就是把產品發表會做成一場直播秀，這是其他行銷方式無法比擬的優勢。

⬤ Facebook 直播是商品買賣的新藍海，任何東西都可以賣

直播除了可以和網友分享生活心得與樂趣外，還能作為商品銷售的素人行銷平台，不僅能拉近品牌和觀眾的距離，即時的互動也建立觀眾對品牌的信任。多數的業者開始以玉石、寶物或玩具的銷售為主，如今不管是 3C 產品、冷凍海鮮、生鮮蔬果、漁貨、衣服…等通通都在直播平台上吆喝叫賣，主要訴求就是即時性、共時性，這也最能強化觀眾的共鳴，目前最常被使用的方法為辦抽獎，商家為了拼出點閱率，拉抬 Facebook 直播的參與度，就會祭出贈品或現金等方式來拉抬人氣，只要進來觀看的人數越多，就可以抽更多的獎金，也讓圍觀的粉絲更有臨場感，並在直播快結束時抽出幸運得主。

腦筋動得快的業者就直接運用 Facebook 直播來做商品的拍賣銷售，像是延攬知名藝人和網路紅人來拍賣商品。直播拍賣只要名氣響亮，觀看的人數眾多，主播者和網友之間有良好的互動，進而加深粉絲的好感與黏著度，就可以在直播的平台上衝高收視率，帶來龐大無比的額外業績，不用被動式的等客戶上門，也不受天氣或場地的限制，只要有網路或行動裝置在手，任何地方都能變成拍賣場。

⭐ Facebook 直播的即時性能吸引粉絲目光

Facebook 直播的即時性能吸引粉絲目光,而且沒有技術門檻,只要有手機和網路就能輕鬆上手,開啟麥克風後,再按下「直播」鈕,就可以向 FB 上的朋友販售商品。

⭐ iPhone 手機和 Android 手機都是按「直播」鈕

在店家直播的過程中，Facebook 上的朋友可以留言、喊價或提問，也可以按下各種的表情符號讓主播人知道觀眾的感受，適時的詢問粉絲意見、開放提問、轉述粉絲留言、回應粉絲等，都讓粉絲有參與感，完全點燃粉絲的熱情，為網路和實體商品建立更深厚的顧客關係。當拍賣者概略介紹商品後便喊出起標價，然後讓臉友們開始競標，臉友們也紛紛留言下標，搶成一團，造成熱絡的買氣。如果觀看人數尚未有起色，也會送出一些小獎品來哄抬人氣，按分享的臉友也能得到獎金獎品，透過分享的功能就可以讓更多人看到此銷售的直播畫面。

臉友的留言也會直接顯示在直播畫面上

直播過程中，瀏覽者可隨時留言、分享或按下表情的各種符號

在結束直播拍賣後，業者也會將直播視訊放置在 Facebook 中，方便其他的網友點閱瀏覽，甚至寫出下次直播的時間與贈品，以便臉友預留時間收看，並預告下次競標的項目，吸引潛在客戶的興趣，或是純分享直播者可獲得的獎勵，讓直播影片的擴散力最大化，不但再次拉抬和宣傳直播的時間，也達到再次行銷的效果與目的。

粉絲專頁的
贏家必勝經營攻略

3

- ▶ 粉絲專頁經營的小心思
- ▶ 建立我的粉絲專頁
- ▶ 商店專區集客心法
- ▶ 邀請朋友加入粉專
- ▶ 粉專貼文吸睛全攻略

由於社群網站的崛起、推薦分享力量的日益擴大，品牌要在社群媒體上與眾不同，就必須提供粉絲具有價值的訊息，誰掌握了粉絲誰就找到了賺錢的捷徑，甚至有許多店家直接在粉絲專頁上販售商品，粉絲行銷成為社群行銷中的重要一環。很多的企業、組織、名人等官方代表，都紛紛建立專屬的粉絲專頁，用來發佈一些商業訊息，或是與消費者做第一線的互動，除了建立商譽和口碑外，讓企業以最少的花費得到最大的商業利益，進而帶動商品的業績。

隨著粉絲專頁的成立，掌握粉絲專頁經營技巧變得十分重要，各位如果期望透過粉專行銷獲益，首先就該懂得如何包裝商品與服務，粉絲

⊕ 粉絲專頁適合公開性的行銷活動

絕對不是為了買東西而使用 Facebook，也不是為了撿便宜而對某一粉絲團按讚。粉專的成功之道就在於如何設定內容策略，本章將要為各位介紹私房粉絲專頁的贏家攻略。

用心回覆訪客貼文是提升商品信賴感的方式之一

⊕ 桂格燕麥粉絲專頁經營就相當成功

粉絲專頁經營的小心思

Facebook 的粉絲專頁適合公開性的行銷活動，建立粉絲專頁的目的在於培養一群核心的鐵粉，而成為粉絲的用戶就可以在動態時報中，看到喜愛專頁上的消息，建立粉絲專頁後，任何人對粉絲專頁按讚、留言、或分享，管理者都可以在「通知」的標籤查看得到。粉絲專頁不同於個人頁面，必須是組織或公司的代表，才可建立粉絲專頁，好友的上限是 5000 人，而粉絲專頁的粉絲人數並無限制，每個帳號都可以建立與管理多個粉絲專頁，屬於對外且公開性的組織，店家或品牌可以透過粉絲專頁讓潛在客戶更加認識你，吸引更多目標族群來成為粉絲。

選擇粉絲專頁類別

粉絲專頁類別中包含了「企業商家或品牌」與「社群或公眾人物」兩大類別，首先請選擇一個最貼近產業或商業利基的類別。千萬別以為設定的類別名稱無關緊要，因為它能清楚交代公司的營業內容，也有助於客戶的搜尋。要建立粉絲專頁，請從個人 Facebook 右上角的「建立」處下拉選擇「粉絲專頁」指令，就能在如下視窗中選擇專頁類型。

FB+IG+LINE 社群媒體操作經營活用術

最強小編的熱身賽

經營粉絲專頁沒有捷徑，小編們在建立粉絲專頁之前，必須要做足事前準備，包括如何設定基本資料吸引死忠粉絲，準備粉絲專頁的封面相片、大頭貼照…等，藉由這些資訊讓其他人快速認識粉絲專頁的主角。以下介紹Facebook 粉絲專頁最基本的幾項設定，讓訪客能夠馬上了解你所提供的服務。

▼ 粉絲專頁封面

進入粉專頁面，第一眼絕對會被封面照吸引，它算是粉絲專頁中最大版面的主視覺，其重要性不言可喻，粉專頁面在螢幕上顯示的尺寸是寬 820 像素，高 310 像素，依照此比例放大製作即可被接受。封面主要用來吸引粉絲的注意，會從一開始就緊抓粉絲的視覺動線，不論是產品、促銷、活動、主題標籤（hashtag）等，都可以把它放上封面，搭配可以加強品牌形象的文案與 logo，一看就能一清二楚，倍增粉專吸引力，然而要注意的是，粉絲專頁的封面為公開性宣傳，不能造假或有欺騙的行為，也不能侵犯他人的智慧財產權。

最新的粉絲專頁封面相片已經可以用動態影片顯示了，不過它有一些限制，影片長度必須介於 20-90 秒之間，Facebook 官方建議的大小為 820x462 像素，並可以滑鼠拖曳的方式來調整位置。

符合此要求
的影片才能
夠上傳

要將 Facebook 的封面變更成影片型式，請由封面相片的左上角按下「變更封面」鈕，下拉選擇「上傳相片 / 影片」指令即可順利上傳影片檔。

1. 按此鈕

2. 執行「上傳相片 / 影片」指令

選定檔案並順利上傳影片後，直接以滑鼠左右拖曳即可調整影片顯示的位置，確立位置後，請按下「繼續」鈕進行設定。

接下來設定影片縮圖，請在左右兩側按下白色的箭頭鈕來調整影片的縮圖，再按下「發佈」鈕，封面影片將自動循環播放。若所設定的封面影片之前尚未發佈過，則這段影片也會公開發佈供其他用戶觀看。

▼ 大頭貼照

大頭貼照在螢幕上顯示的尺寸是寬 180 像素，高 180 像素，為正方形的圖形即可使用，通常會放 logo 或其他有代表性的圖像，讓品牌能被一眼認出，影像格式可為 JPG 或 PNG 格式，從設計上來看，最好嘗試整合大頭照與封面照，以大頭貼和封面照為一體的表現手法，加上運用創意且吸睛的配色，將是讓整體視覺感提升的絕佳方式。

▼ 品牌故事

品牌故事用來輔助說明，試著用 30 字以內的文字敘述自己的品牌或產品內容，讓粉絲們了解品牌成立的故事與發展歷程，加入有趣事實的背景故事，將會使品牌更富有人性，若再添加符合企業精神的標語，則更能協助粉絲們了解品牌。而此處的內容可隨時變更修改加強，也能與你的其他網站商城社群平台串接。

▼ 粉絲專頁基本資料

依照粉絲專頁類型其加入的基本資料略有不同，粉絲專頁所要提供的資訊包括專頁的類別、子類別、名稱、網址、開始日期、營業時間、簡短說明、版本資訊、詳細說明、價格範圍、餐點、停車場、公共運輸、總經理…等，建議盡可能清楚地提供這些細節，這將顯得你的 Facebook 頁面更加專業與權威，就如同編寫個人自傳一樣。

建立我的粉絲專頁

粉絲頁的開放性，讓它成為一個行銷拓廣的極佳工具，當各位對於粉絲專頁的封面相片和大頭貼照等呈現方式了解之後，接著就可以開始準備申請與設定粉絲專頁。請在 Facebook 右上角按下「建立」鈕，並下拉選擇「粉絲專頁」指令直接建立粉絲專頁。

2. 下拉選擇「粉絲專頁」　　　1. 按「建立」鈕

進入「建立粉絲專頁」畫面後，在此選擇「企業或品牌」的類別做為示範，
請按下「立即開始」鈕會顯示「企業商家或品牌」的畫面，請輸入「粉絲專
頁名稱」以及「類別」。對於類別部分，先輸入最能描述粉絲專頁的字詞，
然後再從中選擇 Facebook 所建議的類別即可，按「繼續」鈕將進入大頭貼
照和封面相片的設定畫面。

大頭貼照及封面相片的定裝術

在大頭貼照和封面相片部分，請依指示分別按下「上傳大頭貼照」和「上傳
封面相片」鈕將檔案開啟，就可以看到建立完成的畫面效果。

顯示新建立
的粉絲專頁

下方有提供
指導，教導
新手如何經
營粉絲專頁

😊 吸人眼球的用戶名稱

對於新手而言，Facebook 會很貼心的提供各種輔導，例如在封面相片下方看到如下圖的畫面，只要依序將其所列的項目設定完成，就能讓粉絲頁快速成型，增加曝光機會。你可以完整地描述所提供的產品及服務，例如特色、宗旨、使命或其他對粉絲來說重要的訊息。

按此加入 1-2 句來介紹粉絲專頁

提供粉絲專頁的各項經營祕訣

🔻 建立吸睛的用戶名稱

粉絲專頁的用戶名稱就是 Facebook 專頁的短網址。有好的命名就成功一半，因此取名字時須以朗朗上口讓人可以記住且容易搜尋到為原則。一般在未設定之前，專頁的預設網址是在 facebook.com 之後加入粉絲專頁名稱和粉絲專頁編號而成，如下圖所示的「美心食堂」。

粉絲專頁編號
1636316333300467

✪ 粉絲專頁名稱 + 粉絲專頁編號

由於網址很長，又有一大串的數字，在推廣上會較不方便，若能成功命名使用簡短好記的用戶名稱後，即能符合用戶搜尋邏輯，日後在宣傳與行銷時，就能快速地推廣專頁據點。如下所示，以「Maximfood」替代了「美心食堂 -1636316333300467」。

獨一無二的專頁短網址

要設定用戶名稱,請在粉專名稱下方點選「建立粉絲專頁的用戶名稱」連結,即可進行設定:

1. 按此連結

2. 輸入用戶名稱

3. 按此鈕建立用戶名稱

打勾表示可以使用,若已有他人使用的名稱,會在下方以紅字提醒用戶重新選擇,用戶名稱必須包含 5 個以上的英數字元

4. 按「確定」鈕離開

這裡所建立用戶名稱會顯示在粉絲專頁的自訂網址上，請在 @ 之後輸入您所期望的用戶名稱，若名稱已有他人使用則必須重新設定，直到右側顯示綠色的勾勾為止，按下「建立用戶名稱」鈕即可建立獨一無二的用戶名稱，用戶名稱一旦建立成功，其他用戶會更容易搜尋到你的粉絲專頁。

▼ 新增簡短說明

要讓更多人了解粉絲專頁所提供的服務，或是讓網友搜尋時看到你的粉絲專頁，還有一項重點就是要有簡短的文字說明。請在封面相片下方點選 ⋯ 按下「編輯粉絲專頁資訊」的選項，在如下的視窗中為粉絲頁做簡要說明，包括所提供的產品服務，粉專特色等訊息亦可利用最夯時事火線話題，搭配公司產品服務，引發關注討論。

依上方頁籤依序填寫相關資料

這裡所填寫的資料，都會記錄在粉專「設定」標籤下的「粉絲專頁資訊」裡，接著繼續來介紹其他關鍵心法。

切換粉絲專頁

有些品牌的管理者擁有一個或多個粉絲專頁，若想切換到其他的粉絲專頁進行管理，在個人首頁右側即可進行切換，如圖示：

按此鈕可切換專頁，或選擇「管理粉絲專頁」

由此進行切換，並連結至指定的粉絲專頁

在 Facebook 右上角按下 ▼ 鈕，下拉選擇「管理粉絲專頁」，會列出你所建立的粉絲專頁，如下圖所示。除了進行新增專頁外，也可以點選連結至各粉絲專頁。

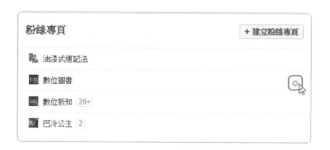

商店專區集客心法

當選用了不同類別的粉絲專頁，則其所顯示的頁籤也不相同，如果你想要在粉絲專頁中擁有商店專區，以便將自家的產品新增到商店專區中販售，進而創造收益利潤，那麼粉絲專頁的類別就必須是「購物」、「服務業」、「Video Page」等類型才會出現商店專區。這一小節我們將針對粉絲專頁的範本變更、商店專區設定、以及商品新增上架的部分做說明，讓各位的粉絲專頁也能成為網路商店。

變更粉絲專頁範本

如果原先所建立的粉絲專頁不屬於購物等類別，那麼就從粉絲專頁的「設定」標籤進行變更吧！

1. 由粉絲專頁中按下「設定」標籤
2. 切換到「範本和頁籤」
3. 按下「編輯」鈕

找到「購物」、「服務業」或「Video Page」等類型的範本後按下「查看詳情」鈕，各位就可以看到範本中是否含有「商店」的頁籤，確認後按下「套用範本」鈕進行變更。

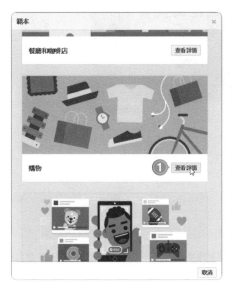

3-13

套用範本後，Facebook 會根據粉絲專頁的狀況將部分頁籤顯示出來或進行隱藏，同時顯現如下視窗以告知管理者，按下「確定」鈕就完成粉絲專頁的變更。

之後再切換到粉絲專頁就能看到「商店」的頁籤囉！

粉絲專頁出現「商店」專區囉

🖼 商店專區設定

有了商店專區後，才可以將粉絲專頁視為你的網路商店，但是 Facebook 的商店專區也有規則必須遵守，包括刊登產品拍賣、交貨、退貨、爭議、用戶資料處理等主題，以及結帳方式與幣別，如此才能在商店專區中進行商品的上架。

第一次在粉絲頁中按下「商店」頁籤，會先看到如下的畫面，請先詳讀「商家條款與政策」的相關資訊後，接著勾選「我同意商家條款與政策」，才可繼續設定。

3. 勾選此項

1. 按下「商店」頁籤

2. 詳細閱讀商家條款與政策

4. 按此鈕繼續

接下來是選擇結帳方式，目前商店專區所提供的結帳方式有兩種：一個是讓用戶傳送訊息給管理者，用以詢價和安排購買；另一種則是將用戶帶往其他網站進行採買。選擇其中一種結帳方式後，所有上架的商品將套用此方式結帳。另外還需選擇定價商品所使用的幣別，這樣才不會造成誤解。

1. 選擇結帳方式

2. 按此鈕繼續設定幣別

3. 由清單中選擇商品定價的幣別

4. 按下「儲存」鈕儲存設定

商店專區設定完成，按此連結加入說明文字，
讓大家更認識你的商店

新增產品

完成商店專區的設定後，就可以準備把你的產品上架，由於 Facebook 並不會收取任何的營收費用，所以管理者只要用心經營、誠實有信用、價格實在不浮誇，讓粉絲們口耳相傳建立起口碑，就有機會帶來龐大的銷售業績。

對於上架的產品，Facebook 也制定了規範和準則，目的是要讓你的產品看起來更美觀。在相片使用方面，每項產品至少需有一個圖像，且圖像必須為產品本身，不能使用插圖或圖示來替代，每個圖像必須是正方形、解析度在1024x1024 以上，最好能在真實的生活場景中拍攝產品，以便讓瀏覽者清楚了解完整的產品或特點。把握這些原則，各位就可以拍攝或製作你的產品圖了，其他細節可參閱「相片使用準則」的說明。新增產品的方式說明如下：

1. 由「商店」頁籤按下「新增產品」鈕

2. 由此可以詳閱相片使用準則

3. 按此鈕新增相片

4. 選擇相片所在的位置，可選擇電腦或是粉絲

5. 按下「選取檔案」鈕選取相片

6. 加入的相片會顯示在此

7. 按下「使用相片」鈕

如需設定特價商品，可開啟此功能

8. 依序輸入名稱、價格、說明、結帳網址等資訊

9. 按下「儲存」鈕

你剛新增了第一個產品！

在向顧客呈現商品之前，我們將會進行審查。完成之後，
你通常會在幾分鐘內收到通知。

10. 完成第一個產品的新增，
按下「確定」鈕離開

產品新增後，Facebook 會先進行審核，完成後會自動通知你，你也可以在
「商店」專區裡看到剛剛上架的商品。

依此方式，
繼續新增其
他產品

第一個產品
已上架完成

當你將產品依序上架到粉絲專頁的「商店」專區後，任何網友或粉絲只要來
到你的「商店」瀏覽，就會看到如下的產品列表，點選任一產品即可看到詳
細資料，或進行網站結帳。

商店專區的
顯示效果

點選有興趣
的產品

顯示產品各
項資訊，或
按此鈕帶領
至網站結帳

😊 編輯 / 刪除產品

已上架的產品若是需要更新內容，管理者只要在產品圖像下方按下「編輯」鈕即可進入「編輯產品」視窗。若是產品不再販售，請在「編輯產品」視窗下按下「刪除產品」的連結即可移除。

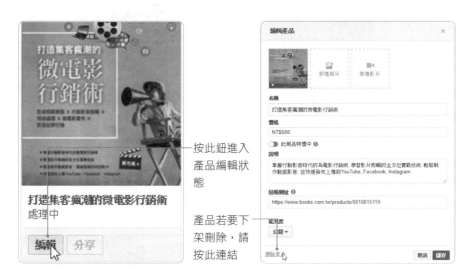

按此鈕進入
產品編輯狀
態

產品若要下
架刪除，請
按此連結

🌐 邀請朋友加入粉專

如何吸引志同道合粉絲是粉絲專頁最重要的第一步，如果沒有長期的維護經營，將會使粉絲們取消關注。因此必須定期的發文撰稿、上傳相片 / 影片做宣傳、注意粉絲留言並與粉絲互動，如此才能建立長久的客戶，加強企業品牌的形象。粉專行銷的目的，就是要吸引認同你、喜歡你、需要你的粉絲，接下來我們將針對三種基本技巧做說明。

😊 特邀朋友按讚

經營粉絲專頁就跟開店一樣，特別是剛開設粉絲專頁時，商家想讓粉絲專頁可以觸及更多的人，一定會先邀請自己的 Facebook 好友幫你按讚，朋友除了可以和你的貼文互動外，也可以分享你所發佈的內容，幫助粉絲頁獲得較

可靠的名聲和增加影響力。想要邀請朋友對新設立的粉絲專頁按讚,可以在粉絲專頁左側先點選「首頁」,接著粉絲頁右側可看到朋友的大頭貼,直接點選人名之後的「邀請」鈕就能將邀請送出。

1. 點選「首頁」

2. 按此鈕邀請朋友來按讚

如右下圖所示,當朋友看到你所寄來的邀請,只要一點選,就會自動前往到你的粉絲專頁,而按下「說這專頁讚」的藍色按鈕,就能變成你的粉絲了。

✪ 朋友接收到你的邀請

✪ 自動前往到粉絲專頁進行瀏覽或按讚

📧 Messenger 宣傳火力全開

月活躍用戶超過 8 億的 Messenger,也是 Facebook 相當看重的功能之一,Messenger 除了可與顧客培養感情,也能自動與所有粉絲專頁整合,在觀看 FB 的同時就可以知道哪些朋友已上線,即使沒有在線上,仍可由視窗左側按下「Messenger」 💬 找到朋友的名字,就可以將你想要傳達的內容和訊息傳送給對方,而對方只要點選圖示就能自動來到你的粉絲專頁了。

1. 點選好友
名字

2. 輸入粉絲
專頁的訊
息

3. 按「傳送」鈕傳送訊息

請好朋友主動推薦你的粉絲專頁，讓他們變成你最佳的宣傳員，因為每個好朋友有各自的朋友圈，即使他們不認識你也不會對你產生懷疑和防範，由朋友推薦粉絲專頁，可讓訊息擴散得更加快速。

🖼 動態時報分享

我們也可以透過動態時報的方式來和朋友分享粉絲專頁，以吸引更多用戶查看您販售哪些產品。請在粉絲專頁封面相片下方按下「分享」鈕，在如下視窗中輸入您要發佈的消息，就能將粉絲專頁分享給朋友了。

2. 由此書寫
內容

1. 按下「分享」鈕

3. 按「發佈」鈕發佈消息

基本上，透過以上的三種方式，即可順利將粉絲專頁的訊息傳播出去，但最重要的還是要做到時刻維護，用心經營才能留住粉絲的關注。

> 🔔 TIPS　除了以上三種方法可以邀請朋友來粉絲專頁按讚外，各位也可以使用電子郵件或電子報邀請聯絡人或會員加入，並可在宣傳海報、名片、網站、貼文、數位牆、菜單內設置粉絲團「讚」的按鈕，邀請客戶掃描 QR code 碼加入等。

粉專貼文吸睛全攻略

「做粉專行銷就像談戀愛，多互動溝通最重要！」由於粉絲專頁為開放的空間，任何人都能看到你的貼文與留言，身為社群經營者，除了本身產品要好之外，如何 Po 上有亮點的貼文就相形重要。因為發佈貼文人人都會，但關鍵在於什麼樣的貼人能夠引起粉絲興趣。

首先內容必須和目標受眾產生連結，因為好的內容是建立在目標受眾的感覺，而不是小編自己的喜好，原理就是品質越好的文章才能得到更高觸及率。

點選「社群」即可看到已按讚的朋友

⭐ 觀看來粉絲專頁按讚的朋友

例如可以嘗試一些具有「邀請意味」的貼文，友善的向粉絲表示「和我們聊聊天吧！」，比起一味的推銷品牌，社群行銷更凸顯了創意的重要。店家必須慎選清晰有梗的行銷題材，這樣粉絲會比較傾向和他們「有互動交談」的商家來購買產品及服務。

📷 文字貼文的發佈藝術

文字內容絕對是粉絲專頁的核心價值，粉絲願意按讚通常是因為內容有趣，因此必須保證貼文有吸引粉絲的亮點，若是要推廣商品或理念，則建議要聚焦，一次只強調一項重點。如果要進行文字訊息的行銷，則由粉絲頁頂端的區塊輸入文字內容，再選定想要套用的背景圖樣，按下「立即分享」鈕就能擴散行銷內容或理念。

1. 按此區塊

2. 輸入文字內容

3. 按此列可選擇
   背景圖案

4. 按此鈕立即分享

好不容易編寫完成的貼文，發佈後才發現有錯別字需要修正，這時只要從貼文右上角按下 ••• 鈕，再選擇「編輯貼文」指令進行修改，編修後按下「儲存」鈕就可以搞定，即使貼文已有他人分享出去仍會一併修正喔！若想刪除貼文，一樣是按下貼文右上角 ••• 鈕，再選擇「從粉絲專頁刪除」指令就搞定了。

選此項刪除貼文

如果希望貼文在指定的時間才進行公告，那麼可以使用「排定時間」的功能來指定貼文發佈的日期。請先切換到「發佈工具」，按下「建立」鈕完成貼文的編寫或相片插入後，按下「立即分享」鈕旁的三角形鈕，會看到「排定時間」的選項，選定要發佈的日期後按下「排定時間」鈕完成設定。

對於正在推廣的重點貼文，或是期望所有粉絲都要知道的重大訊息，可以使用「置頂」的功能來強制貼文置於頂端，讓所有進入粉絲專頁的所有粉絲都能看得到。設定方式很簡單，請在該貼文的右上角按下 ••• 鈕，下拉選擇「置頂於粉絲專頁」指令就能完成。置頂的貼文會在右上角顯示 📌 的圖示，當時效已過，若要取消置頂的設定，也只要從下拉選單中點選「從粉絲專頁頂端取消置頂」指令即可。

相片 / 影片美化分享

從傳統「電視媒體」到現在「人手一機」，社群行銷不是傳統的電視廣告，訊息出現與更新的速度很快，因為貼文只有 0.25 秒的機會吸引住粉絲的眼

球，也意味著圖片與影音將會成為主角。千萬別光只是在粉專上貼以銷售為主的內容，硬性推銷自己的產品或服務是很容易造成反效果的，唯有當雙方互動提高後，店家所要傳遞的品牌訊息就能變快速及方便，甚至粉絲都會主動推播與傳達。

分享相片／影片時，請由貼文區塊按下「相片／影片」鈕，接著點選「上傳相片／影片」的選項。

點選要插入的圖片或影片檔，就可以將相片／影片加入至貼文中

根據調查，相片比文字的觸及率高出 135%，經營粉絲頁的人就會發現，相片或影片被點閱或分享的機會絕對比單純文字高。在進行相片／影片的分享時，也可以同時將電腦上的多張相片上傳發佈成相簿貼文。

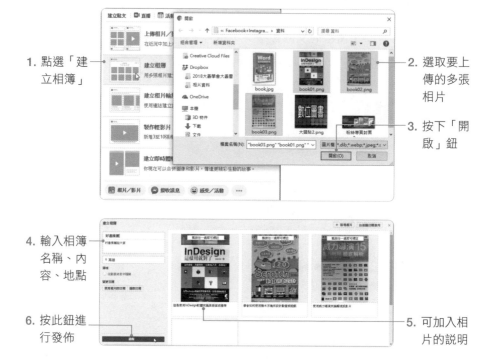

1. 點選「建立相簿」

2. 選取要上傳的多張相片

3. 按下「開啟」鈕

4. 輸入相簿名稱、內容、地點

6. 按此鈕進行發佈

5. 可加入相片的說明

以「建立相簿」的方式發佈貼文後，除了在粉絲頁的「相簿」中可看到剛建立的相片外，貼文上也可以看到相簿中的相片。

● 新增的相簿

● 顯示的貼文效果

📷 相片進階編輯功能

對於所發佈的相片，Facebook 也可以讓用戶直接在相片上標註商品、加入文字、加入貼圖、或是進行剪裁的動作。在按下「相片 / 影片」鈕插入相片後，將滑鼠移進相片縮圖就會看到「編輯相片」和「標註產品」的圓形圖示。

2. 滑鼠移入相片縮圖就會看到「編輯相片」和「標註產品」兩個圓形圖示

1. 按「相片 / 影片」鈕加入相片

點選「編輯相片」會進入如下視窗，可進行濾鏡、剪裁、新增文字、替代文字、貼圖等動作。下圖是在相片中加入臉型的貼圖，並可以調整貼圖的比例大小、位置、和旋轉角度。

2. 按此鈕顯示貼圖，並點選想要使用的圖案

3. 加入後可以按此鈕縮放貼圖大小

1. 點選「貼圖」

若要加入文字則請點選「文字」，按下「+」鈕新增文字，一樣可以縮放文字大小或旋轉角度。

2. 按此鈕新增文字框

3. 由此變更顏色

1. 點選「文字」

4. 輸入文字後，由此可縮放大小和角度

5. 按此儲存畫面

設定之後按下「儲存」鈕將儲存相片，如下圖所示便是在相片中放入貼圖的貼文。

製作與玩轉輕影片

影片所營造的臨場感及真實性確實更勝於文字與圖片，靜態廣告轉化為動態的影音行銷就成為勢不可擋的時代趨勢，只要影片夠吸引人，就可能在短時間內衝出高點閱率。在進行粉專行銷時，影片尤其是吸睛的焦點，因為對於粉絲會帶來某種程度的親切感，也能創造與消費者建立更良好關係的機會。以行種裝置來說，影片的寬高比例最常使用 9:16、4:5、2:3 的直式或 16:9、5:4、3:2 的橫式畫面，若是輪番廣告則建議使用正方形 1:1 的比例。

而影片的長度盡量在 15 秒以內，且吸睛的部分最好放在最前面，以便抓住觀看者的目光。

製作輕影片是指將 3-10 張的相片組合成影片檔，使用者可以設定影片的長寬比例、每張圖像顯示的時間以及切換的效果，還可以加入背景音樂，對於不會視訊剪輯的人來說可是一大便利。

請由貼文區塊按下「相片 / 影片」鈕，點選「製作輕影片」的選項後會看到如下的「設定」與「音樂」標籤。在「設定」標籤裡請按下「新增相片」鈕新增相片，所新增的相片可以是上傳的相片或是粉絲頁中的相片，也可以立即使用手機拍照下來的相片。相片選取後回到「設定」標籤，相片會變成影片的形式，此時再進行顯示時間和切換效果的設定，可觀看影片的播放速度與效果。

切換到「音樂」標籤可以選用 Facebook 所提供的背景音樂，你也可以自行上傳聲音檔，確認之後在下方按下「製作輕影片」鈕，最後輸入輕影片的標題與說明文字，即可按下「立即分享」鈕分享出去。

在「音樂」
標籤中可選
用背景音樂

確認後按此
完成輕影片
的製作

粉絲頁中所製作影片檔,都會存放在「影片庫」中,請切換到「發佈工具」,再由左側點選「影片庫」就可以看到所有已發佈的影片。

🧑 粉專小編的貼心工具

大家都知道要建立 Facebook 粉絲專頁門檻很低,但要能成功經營卻不容易,當小編們切換到粉絲專頁時,除了可以在「粉絲專頁」的標籤上看到每一筆的貼文資料外,首頁可瀏覽貼文、留言、或進行貼文的發佈,另外從左側的頁籤亦可進行活動的建立、查看粉絲的評比、編輯「關於」的相關資訊、或做粉絲頁的推廣。

粉絲專頁的
管理者介面

由此處進行活動的建立、查看評論、編輯聯絡資訊、或進行推廣

當粉絲們透過聯絡資訊發送訊息給管理者,管理者會在粉絲頁的右上角 💬 圖示上看到紅色的數字編號,並在「收件匣」中看到粉絲的留言,利用 Messenger 程式對粉絲的個人問題進行回答。另外管理者也可以針對個別的粉絲進行標示或封鎖,或新增標籤以利追蹤或尋找對話。

由此針對粉絲進行個別操作,依序為刪除對話、標示為垃圾訊息、未讀取、持續追蹤

如果是由多人一起管理的粉絲專頁,則可針對粉絲的問題進行指派的動作。如下所示:

管理者可以由此下拉指定負責回覆的人員

值得一提的是粉絲專頁也內建了強大的行銷分析工具,例如在「洞察報告」中即可顯示出很多你可能不知道的隱性事實,也有各種圖表統計能讓你知道粉絲團的表現成效。「洞察報告」標籤會摘要過去七天內的粉絲專頁報告,包括發生在粉絲專頁的集客力動作、粉絲專頁瀏覽次數、預覽情況、按讚情況、觸及人數、貼文互動次數、影片觀看總次數、粉絲頁追蹤者、訂單等。除了總覽整個成效外,從左側也可以個別查看細項的報告。

由此切換查看細項的資訊

對於已發佈的貼文，其發佈的時間、貼文標題、類型、觸及人數、互動情況等，也可以在洞察報告中看得一清二楚，而點選貼文標題，可看到貼文的詳細資料和貼文成效。

⊕ 顯示已發佈的所有貼文

⊕ 點選標題可查看貼文成效

發佈的視訊影片通常是吸引粉絲目光的重點，想看看所有發佈影片的成效，也只要切換到「影片」類別即可查看細節。

📷 開啟訊息與建立問候語

粉絲專頁的「訊息」功能用來設定用戶如何傳送訊息給你的粉絲專頁，你可以設定用戶是否可以私下與你的粉絲專頁聯絡。由粉絲頁的右上方按下「設定」標籤，切換到「一般」類別，再由「訊息」後方按下「編輯」鈕進行設定。

勾選如下的選項，就能允許用戶私下與我的粉絲頁聯絡，否則會將「發送訊息」鈕從粉絲專頁中移除。

查看與回覆粉絲留言

當粉絲們瀏覽你的專頁後，如果直接在粉絲專頁上進行留言與發佈，管理員只要一進入到粉絲專頁，就會立即在「動態消息」裡看到留言的內容。

1. 粉絲在貼文區塊上進行留言與發佈

訪客貼文顯示於此

2. 管理者會收到通知，直接點選通知會切換到收件匣

Facebook 管理者收到通知後，由「通知」🔔 鈕下拉選擇，就會切換到收件匣，直接在下方欄位輸入回覆的內容就可以了。

由此回覆粉絲的留言

 粉專活動與 QR 碼的完美結合

如果剛成立的粉絲專頁的被動觸及率範圍有限，就需要推廣策略來得到更大的效果。除了在粉絲專頁發佈商品的訊息和相關知識外，也可以透過活動的舉辦來推廣和活絡與粉絲之間的互動，讓彼此的關係更親密更信賴。針對粉絲專頁舉辦活動的作法，請由貼文區塊上方點選「活動」⊞即可建立新活動。

由貼文區塊按下「活動」鈕進入新活動編輯視窗

> **TIPS** 也可以在 Facebook 右上角按下「建立」鈕，再下拉選擇「活動」指令，即可以透過公開或私人活動來讓用戶們相聚。

進入新活動的編輯視窗後，先按下「更換相片／影片」鈕上傳活動相片或影片，輸入活動名稱、地點、舉辦的頻率和開始時間，就可以進行發佈，如果有更詳細的活動類別、說明、關鍵字介紹，或需要購置門票等，亦可在此視窗中做進一步說明。

發佈活動訊息後，接著可以在 Facebook 上邀請好友們來參與，並透過宣傳活動訊息，管理者也可以透過調查統計的功能，讓好友們回覆參與活動的意願。

按「編輯」鈕可再度編輯活動內容

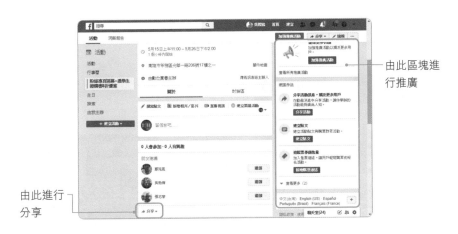

按此鈕有更多設定選項

由此查看洞察報告

活動舉辦時間

這裡可顯示地圖

在活動內容的下方，可以邀請朋友一起來參加，或是由「分享」鈕選擇分享到 Messenger、或以貼文方式分享。如果要加強推廣活動使其觸及更多的用戶，那就得支付廣告的費用囉。

由此區塊進行推廣

由此進行分享

QR 碼在智慧型手機上被使用的機會相當高，在建立活動後，若想為活動建立 QR 碼，請在活動的右上方按下「選項」 ⋯ 鈕並下拉點選「建立 QR 碼」，就能看到右下圖的畫面，按「下載」鈕即可下載 QR 碼。

建立優惠和折扣

粉絲專頁上建立優惠、折扣，或是限時促銷活動，可讓客戶感受賺到和撿便宜的感覺，進而刺激購買欲望。所建立的優惠折扣，可以設定用戶在實體商店或是在網路商店中進行兌換。由貼文區塊上方點選「優惠」 🏷 鈕，將會看到如下的視窗，請設定標題名稱、到期日、以及插入要做優惠或促銷的廣告圖片，按下「發佈」鈕就可以進行發佈。

如果你想進一步推廣活動或是鎖定特定族群做宣傳，可按下「加強推廣貼文」鈕，或是透過廣告管理員建立優惠，即可選擇客戶群、版位、預算或廣告時間。特別要注意的是，一旦建立優惠就無法再次編輯或刪除，所以發佈之前要仔細確認所有的產品資訊是否有誤，避免「千」元商品變「百」元，賺錢不成先賠掉所有本。

🖼 新增行動呼籲按鈕

行動呼籲按鈕主要是協助粉絲們透過 Messenger、電子郵件、手機等方式聯絡管理人員，也可以進行購物、點餐、捐款、下載應用程式、預約服務等事宜。由於該按鈕是顯示在封面圖片的右下方，所以較容易引人注意，方便粉絲們點選後，可以前往指定的頁面。

> 👍 TIPS　行動呼籲按鈕（Call-to-Action, CTA）是希望訪客去達到某些目的的行動，亦即召喚消費者去採取某些有助消費的活動，例如故意將訪客引導至網站策劃的「到達頁」（Landing Page），會有特別的 CTA，讓訪客參與店家企劃的活動。
> 到達頁就是使用者按下廣告鈕後到直接到達的網頁，它和首頁最大的不同，就是到達頁只有一個頁面就要完成吸引訪客的任務，通常這個頁面是以誘人的文案請求訪客完成購買或登記。

行動呼籲按鈕只有管理員、版主、編輯或廣告主可以加入，要加入時請至封面圖片右下方按下藍色的「新增按鈕」，即可增加想要的按鈕類型。

按此鈕新增行動呼籲按鈕

這裡以 Facebook 的「預約」按鈕做示範。其運作方式是顧客先傳送預約要求給粉絲專頁，管理者在安排預約後，系統會主動傳送預約提醒給客戶。利用 FB 安排預約，除了可以和顧客私下聊天外，還會自動傳送預約確認和提醒給顧客，也會將預約儲存到你個人的行事曆之中，相當貼心。「搶先預約」鈕設定方式如下：

1. 選擇「搶先預約」

2. 按「下一步」鈕

3. 選擇以 Facebook 預約

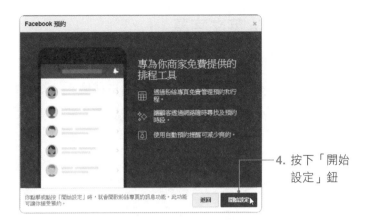

4. 按下「開始設定」鈕

按下「開始設定」鈕後還會有一連串的設定步驟，可幫助用戶安排和分享預約時段，讓顧客隨時向你預約。

粉絲專頁管理頁面新增了「預約」標籤

顧客預約的時段

按此鈕可進行編輯或刪除

在加入「搶先預約」的功能後，其他粉絲只要進入你的粉絲專頁，就會在封面圖片下方看到「開放預約的時段」的區塊，讓客戶進行預約。

粉絲可以透過此二處搶先預約

👥 影片加入中 / 英文字幕

以 Facebook 來說，影片、直播的觸及人數和吸引力通常比貼文高出許多倍，最好還能加入字幕，因為很多人是在靜音的狀態下觀看手機上的影片，具備字幕將可讓觀眾更了解影片的內容。對於自製的影片內容，你可以為它加入中文字幕或英文字幕，讓更多的粉絲們看得懂。字幕檔的格式是 *.srt，這是一種簡單的文字格式，可用記事本或 Word 程式開啟，其組成包含一行字幕序號，一行時間代碼，一行字幕資料。如下圖所示：

Facebook 中若想要替影片加入字幕，請在新增影片時由視窗右側點選「字幕」，就能看到如下的畫面。

按下「撰寫」鈕將會進入如下視窗，可利用右側將文字貼入，下方的時間軸控制字幕的開始與長度，再由預覽視窗觀看效果，確認可以即可儲存草稿。

預覽字幕出現的時間、長度、與顯示效果

由此將旁白文字依序貼入

由此控制字幕開始的位置與長度

若是要加入英文字幕，可按下「上傳」鈕進行 srt 格式的上傳，以英文字幕為例，檔名必須命名為「filename.en_US.srt」才能上傳成功，而加入的字幕版本，皆會在視窗中顯示。

字幕已上傳的語系

字幕處理後，再依照一般方式陸續加入標題、設定縮圖與播放範圍，即可進行發佈。

🙂 加入表情符號

根據調查顯示，很多用戶每天都會使用表情符號，而且有一半以上的回文至少用到一個以上的表情符號。有效利用符號不但可以輕鬆表達當下的心情，還可以透過符號來加強宣導並吸引用戶目光。經常在別人的貼文中看到許多小巧可愛的圖案，不管是各種臉部表情、吃、喝、玩、樂、看、聽、慶祝、支持、同意…等，都可看到可愛的小插圖穿插在文字當中。要在貼文中加入這些小插圖，可在貼文區下方點選「感受 / 活動」 🙂 的項目，接著點選類別、再依序點選次要的項目，就能加入期望的貼文圖案了。

⭐ 先點選主類別

⭐ 接著選擇次要選項

如右圖所示是加入前往旅遊地的圖
案,當選擇國家或城市時,還會自
動插入該地區的地圖。

👤 標註商品

粉絲專頁上如果是以商品的行銷為主軸,那麼粉絲專頁的管理員就可以查看
商品的目錄,也可以在貼文之中標註 30 項以內的商品。針對「編輯相片」
部分,除了能為相片加入濾鏡、標註商品名稱與編號,也可以剪裁圖片、加
入文字、加入貼圖,增加產品曝光率。

如果是由貼文區塊下直接點選「標註商品 🏷」鈕,則可進行商品品稱、價
格、結帳網址等設定,讓粉絲們可以快速購買商品。

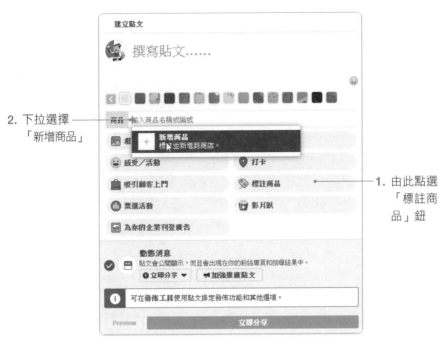

2. 下拉選擇「新增商品」

1. 由此點選「標註商品」鈕

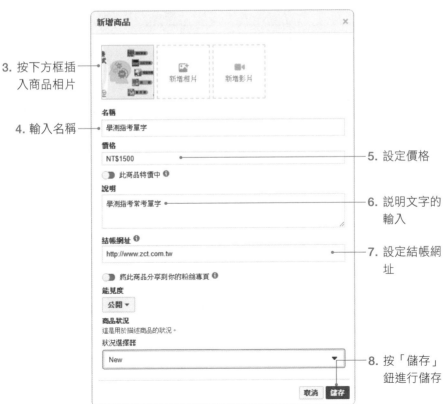

3. 按下方框插入商品相片

4. 輸入名稱

5. 設定價格

6. 說明文字的輸入

7. 設定結帳網址

8. 按「儲存」鈕進行儲存

MEMO

最霸氣的 Facebook 實店業績行銷祕笈

4

- ▶ 地標經營的自媒力
- ▶ 小兵立大功的 Facebook 廣告
- ▶ 拍賣商城的開店捷徑

低頭族在手機普及後大量出現，加上 Facebook 推出「打卡」功能後，走到哪都打卡已經成為現代人生活的一部分，這一波打卡熱很明顯地在台灣掀起一陣浪潮。許多新興美食小店與餐廳，靠著網友打卡與粉專貼文短時間累積許多好評成為爆紅名店。打卡服務讓 店家們以折扣或優惠的行銷活動方式吸引顧客並建立粉絲群，營造出屬於店家的獨特景點，好在粉絲心中建立讓人難忘的回憶。

貼文中直接點選商家名稱，即可前往該店家的粉絲專頁，增加曝光機會

Facebook 上的貼文內容也是商家的活廣告，讓看到這篇貼文的網友也會想去消費

例如許多知名景點或新開幕的店家看準遊客或消費者的這個特性，都會透過「打卡」功能進行行銷，像是在店內用餐打卡，就會贈送食物或是以折扣方式優惠來店顧客，再藉由貼文的分享以吸引更多慕名而來的顧客。透過打卡還能得知自己的朋友群中，有哪些人曾去過一樣的地方，並即時揭露自己所在的位置，許多人樂於藉此分享身邊的新鮮事，更能在朋友圈中增加話題與互動，這源源不斷的口碑也成為店家最好的廣告。

地標經營的自媒力

「地標」通常是指具有獨特的地理特色或自然景觀地形，讓遊客可以看地圖就認知所處的位置。例如 101 摩天大樓、中正紀念堂、高雄愛河、台南孔

子廟⋯等，都是台灣知名的地標。當有人在 Facebook 上進行打卡而新增地點，或是在個人資料中輸入任何與地址有關的資訊，這些地點資訊就會變成日後其他人的「地標」。在 FB 中地標對於行銷的用途，就是把自己的店當成一個景點，讓訪客利用打卡跟朋友圈告知來過這個點，而在打卡時拍的店家照片或有趣的文字描述，不知不覺中為店家帶來宣傳效果，甚至搭配活動而成為網紅打卡景點，帶動整體業績成長。

顯示在此打卡的人數

✪ 地標其實也是粉絲專頁的一種，只是多了打卡功能

所以各位在進行搜尋時，可以在「地標」的標籤頁中看到這些地點，另外，切換到「粉絲專頁」標籤，也可以看到這些地點的粉絲專頁。

搜尋商家名稱，可看到商家顯示在「地標」中

切換到「粉絲專頁」也可以看到商家名稱

地標打卡

「打卡」屬於在地化的服務,利用手機在店家進行打卡,除了可帶出打卡的名稱外,還可顯示打卡的位置。請在手機 Facebook App「在想些什麼?」的區塊下方點選「打卡」鈕,手機會自動將你所在位置附近的各個地標顯示出來,直接由清單中點選你要打卡的地標即可。

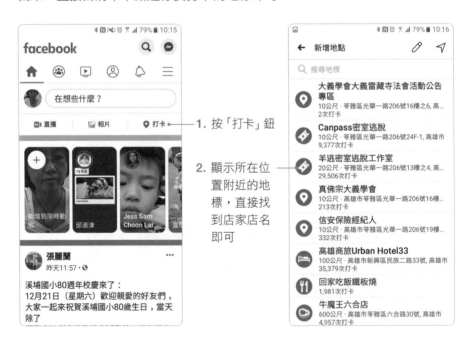

1. 按「打卡」鈕

2. 顯示所在位置附近的地標,直接找到店家店名即可

設定之後該地標的位置就會顯示在地圖上，只要輸入你的想法就可以進行「發佈」，完成打卡的動作。

輕鬆為你標註餐廳名稱

由此還可標註朋友或加入感受、貼圖

當在某個地點進行打卡時，也可以一併將朋友標註進去，在訊息中直接找到相關的人，達到更方便溝通與交流的便利，如上圖所示，按下右下角的  鈕，就會顯示「標註朋友」的畫面，直接選取朋友，按下「完成」鈕，該名成員就會標註在貼文之中。

2. 按下「完成」鈕

1. 點選想要標註的名字

3. 顯示標註的成員

打卡時除了標註朋友外,亦可加入個人的感受或從事的活動喔!請在畫面右下角按下 😃 鈕,再從出現的選單中選擇「感受 / 活動」,即可看到如下的「感受」、「活動」等標籤,選定你要的感受或活動即可加入打卡之中。

🧍 建立打卡新地標

如果商家尚未建立打卡點,那麼這裡就告訴你如何建立新地標。目前地標的建立只能使用行動裝置來建立,請同上方式按下「打卡」鈕,因為尚未建立打卡地標,所以顯示的清單中不會有商家的地標。請在「搜尋地標」的欄位處輸入你要建立的新地標,如我們輸入「勁樺科技」,接著按下「新增地標」的方框。

第一次建立的新地標，Facebook 會詢問地標屬於何種類型，請在下方依序選取適合的類別後，接著設定地標所在的城市，如果你現在就在該地標的位置，可直接點選「我目前在這裡」。如果人不在當地，也是可以建立地標呦。

新地標的名稱、類別、位置建立後，按下右上角的「建立」鈕，就可以將新地標新增至 Facebook 中，這樣貼文上就會顯示你所新標記的地標，也會把地標標註在地圖上，只要輸入你想說的文字內容，再按下「發佈」鈕分享出去就完成打卡的動作囉！

按下「建立」鈕在 Facebook 中建立新地標

按下「發佈」鈕即可完成打卡

👤 開啟粉專打卡功能

「打卡」不同於「按讚」，「按讚」是粉絲頁的預設功能，而且只能執行一次，而「打卡」沒有次數的限制，目的在標示自己的位置。所以建立好的粉絲專頁，如果是營業場所、公共場地、餐館，想要開啟打卡功能，讓其他人可在該地進行打卡，則必須在「編輯粉絲專頁資訊」中開啟打卡地標功能。

請在粉絲專頁左下方切換到「關於」頁籤，接著點選右上方的「編輯粉絲專頁資訊」鈕，使進入「編輯詳細資料」的視窗。

1. 點選「關於」

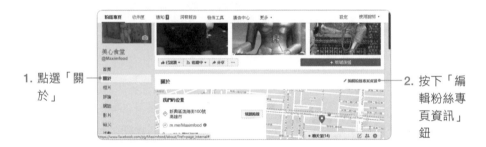

2. 按下「編輯粉絲專頁資訊」鈕

請在「地點」標籤中輸入店家的地址，再勾選「顧客造訪位於此地址的實體店面」的選項，若無勾選將會隱藏地址和打卡記錄。

1. 輸入商家地址資訊

2. 勾選此項，使開啟打卡功能

雖然打卡功能很方便，但是擁有粉絲專頁的店家或品牌並不一定都需要有打卡功能，像是有些公司行號並不希望外賓參觀，或是粉絲專頁是以個人形象或品牌經營為主，並沒有實體店面的存在，就不需要有打卡功能，而多數的餐飲店面或遊樂場所則需要地標打卡來衝高人氣。

小兵立大功的 Facebook 廣告

社群行銷是成本較低的行銷方式，但不代表就是免費，而在 Facebook 中刊登廣告，更是快速又精準行銷的一個方式。如果要讓廣告效益最大化，建議長期購買，讓粉絲團維持在一定的活躍度。廣告其實不在於規模與費用多寡，而是在於開啟跟粉絲接觸的第一步，廣告投放絕對不是 FB 行銷的重點，而只是一個必要的協助。

Facebook 的廣告行銷有免費的廣告支援，也有付費的廣告讓你擴充版圖，二者都要善加利用，不僅能建立口碑和商譽外，也可以用最少的花費得到最大的商業利益。至於費用的支付，可以選用 PayPal、信用卡或將廣告費用預先存入帳戶，等廣告開始刊登時再一次收取廣告費。

👆TIPS **PayPal** 是全球最大的線上金流系統與跨國線上交易平台，適用於全球 200 多個國家，屬於 ebay 旗下的子公司，可以讓全世界的買家與賣家自由選擇購物款項的支付方式。

⭐ PayPal 是全球最大的線上金流系統

通常並不是每個人看到你的 Facebook 廣告就會馬上熟悉你的品牌，還需要多多發佈貼文獲得更多的按讚數，包括利用不同的貼文形式以增加網站流量與討論人數，或是領取優惠券來增加門市的來客數等，利用其所提供的免費廣告，藉由口耳相傳來推廣產品，不用成本也能獲得無限的商機，只要將產品的訊息主動貼文出去，就有曝光的機會，並達到行銷的訴求與獲利的目的。

🧑 錢滾錢的 Facebook 付費廣告

在目前 Facebook 演算法的限制之下，店家想直接透過行銷獲得效益可説是大不如前，此時亦可考慮付費廣告。尤其是在編寫行銷貼文的過程中，總會有幾篇較特別引人注目、分享率較高，或是互動數較高的貼文，這些就可以考慮投放付費的廣告，以低成本來獲得較高的互動效果。

只要是粉絲專頁的管理員、編輯、版主、廣告主，都可以透過此按鈕進行粉絲專頁的推廣，裡面提供七種目標設定可以拓展事業版圖

▼ 廣告計價方式

Facebook 廣 告 的 計 價 的 方 式 主 要 有 Cost-per-impression（CPM）以 及 Cost-per-click（CPC）兩種。從字義來看，CPM 是以顯示曝光的次數來收費；CPC 的廣告則類似 Google AdWords 廣告，是以被點擊的次數來計費。無論是哪一種，即使採取隨機播放的廣告方式，廣告主仍可針對行銷的目標選擇合適的廣告計價方式，但 FB 還是會自行判斷要對哪些特定使用者族群播放廣告。

> **TIPS** 播放數收費（**Cost per Impression, CPM**）傳統媒體多採用此種方式，是以廣告總共播放幾次來收取費用，對廣告店家較不利，不過由於手機播放較容易吸引用戶的注意，仍然有些行動廣告是使用這種方式。
> **點擊數收費**（**Cost Per Click, CPC**）為搜尋引擎的付費競價排名廣告推廣形式，就是按照點擊次數計費，不管廣告曝光量多少，沒人點擊就不用付錢。例如如關鍵字廣告多採用這種定價模式，但缺點是比較容易作弊，經常導致廣告店家利益受損。

▼ 廣告版面位置

廣告出現的位置主要有兩個地方，一個是動態消息區，一個是 Facebook 右側的欄位，如下圖所示，便是在瀏覽時，不經意地就會看到的各種廣告內容。

顯示在動態 ─
消息的廣告

─ 顯示在右側
欄位的廣告

除了在桌上型電腦上看到廣告外，Facebook 也可以精準的瞄準行動裝置的使用者來投放廣告。廣告主可以針對年齡、性別、興趣等條件篩選主要廣告的對象，精確找出目標受眾。右圖便是手機上所看到的廣告內容。

另外，Facebook 廣告還可以同時投放到 Instagram、Audience Network、Messenger 等廣告版位。每種廣告版位可支援的格式略有不同。例如 FB 廣告可支援的格式包括影片、相片、輪播、輕影片等，另外還有全螢幕互動廣告，但僅限定在行動裝置上。Instagram 廣告支援影片、相片、輪播、限時動態，至於 Audience Network 是將廣告範圍延伸到 FB 和 IG 之外，它只支援相片、影片、輪播三種格式，Messenger 廣告則僅支援相片和輪播廣告。

Facebook

Instagram

Messenger

Audience Network

Workplace

⭐ Facebook 提供完善的應用程式與服務陣容，讓商家和用戶透過各種方式建立聯繫

💬 刊登「加強推廣貼文」

在每個貼文的下方會看到藍色的「加強推廣貼文」按鈕，或是從洞察報告中，每個貼文後方也有「加強推廣貼文」鈕，當你想將粉絲專頁中已張貼過的超人氣貼文做成廣告，即可按下該鈕進行付費的刊登，由於洞察報告中可

以清楚看出哪些貼文的觸及人數高、參與互動人數多,由此精選貼文進行付費刊登,省時、省事、效果又好。

按下「加強推廣貼文」鈕後,將會顯示如下視窗。從右側的標籤切換,可查看貼文在桌面版動態消息、行動版動態消息和 Instagram 等不同平台上所顯示的效果。

設定投放廣告的目標對象、刊登時間、預算和付款貨幣

預覽各種平台上顯示的廣告畫面

在廣告受眾方面,Facebook 提供三種選擇:經由目標設定所選擇的對象、說你粉絲專頁讚的用戶、你所在地區的用戶。點選其中一個選項後,按下後方的「編輯」鈕,即可編輯目標受眾的性別、年齡、地點等資訊。如要排除特定用戶,可設定排除其中一個條件的用戶。

點選「經由目標設定所選擇的對象」所提供的設定內容

在刊登時間和預算部分，廣告主可以設定廣告總預算、廣告的時間長度或廣告刊登的截止日。至於付款方式可指定要支付的幣值，工具可使用信用卡、PayPal 或 Facebook 的廣告抵用券，設定完成後按下「加強推廣」鈕完成廣告訂單，即可進行廣告的推廣活動。

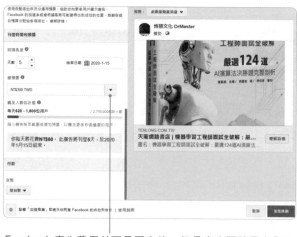

Facebook 廣告費用並不是固定的，但是廣告預算是完全可控制，填寫廣告總預算可避免花費超支的情況

拍賣商城的開店捷徑

由於很多網友會經常造訪購物拍賣的社團，或是在粉絲專頁中的商店專區（Facebook Shop）進行購物，且多數網友在購物時都傾向透過私訊方式與店家進行聯繫，然後完成購買程序。故為了服務喜歡用拍賣來購物的用戶型態，FB 也發展了拍賣商城（Marketplace），不但可以張貼商品訊息或是搜尋其他商品，還可直接傳訊息與買家或賣家聯繫。請在畫面右上角按下 ☰ 鈕，再下拉點選「Marketplace」🏠 選項切換。

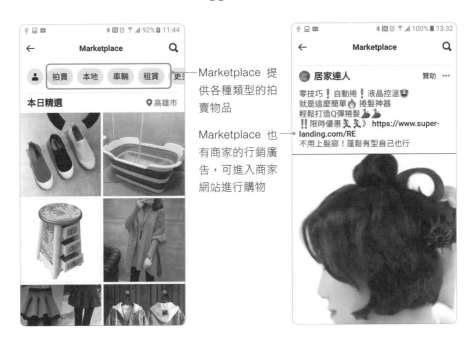

Marketplace 提供各種類型的拍賣物品

Marketplace 也有商家的行銷廣告，可進入商家網站進行購物

📹 購物初體驗

Marketplace 上的拍賣物品相當多元化，可以直接在畫面頂端搜尋列進行商品的尋找，找到商品所在地點距離、品項類別、價格等排序，或用手指上下滑動來瀏覽各項拍賣的商品。由於 Marketplace 以直觀的方式運用照片搜尋附近拍賣的商品，可以直接點選圖片進入商品資訊的畫面，按下「傳送」鈕就可以知道是否還有存貨，有其他問題也可以發送訊息給賣家，相當方便。

由此輸入想要搜尋的目標物

點選商品後，可以看到賣家地點、產品說明，或向賣家詢問詳情

預設值會詢問商家是否還有存貨，直接按下「傳送」鈕傳送訊

針對喜歡的商品，你可以在商品下方先按下  鈕進行儲存，等到都搜尋完成後再一起瀏覽或做抉擇。

按此鈕可以先儲存該項商品

想要瀏覽你所儲存的項目，請在 Marketplace 上方按下「你」 👤 鈕，接著點選「我的珍藏」，即可看到所有已珍藏的商品項目，直接點選商品圖片即可瀏覽商品或與賣家聯繫。

👥 小資族也能輕鬆開店

商家或品牌也可以將商品放到 Marketplace 上進行販賣，尤其是 Marketplace 比其他傳統的拍賣網站更簡便，商家不需要填寫一大堆資料和商品細節，只要預先將拍賣的商品拍照下來，輸入商品名稱、商品描述和價格，確認商品所在地點，同時選擇商品的類別，即可進行商品發佈。由於 Marketplace 商品都是公開的內容，無論是否為 Facebook 用戶皆能看到，透過此方式販賣商品也能增加商品的銷售業績。

當想在 Marketplace 販賣商品時，請在 Marketplace 上方按下「你」 👤 鈕，接著在下圖中點選「上架新商品」，下方的類別視窗就會跳出來，請依照商品性質選擇合適的商品類別。

進入「新上架」畫面後，按下上方的「新增相片」鈕將已拍攝好的相片加入，依序輸入商品的名稱、價格、選擇目錄、並加入商品的説明文字。輸入完成按下「繼續」鈕將可勾選要發佈的社群網站，再按下「發佈」鈕發送出去。

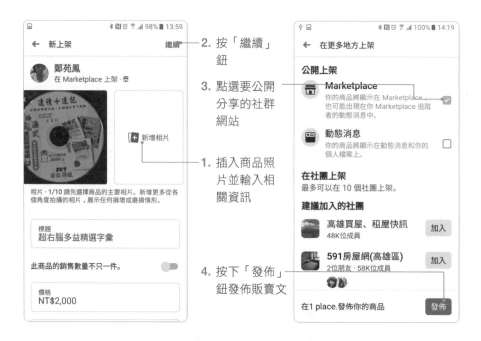

發佈商品後即會看到你所販賣的商品，如果還有其他的商品想要拍賣，直接按下「上架新商品」鈕就可以繼續進行銷售。

在 Marketplace 裡，Facebook 不會干涉付款或交易流程，更不會插手運送或物流等，僅是交易媒合的場所。

商品管理小錦囊

在 Marketplace 上，商家要管理所拍賣的商品也相當容易，如左下圖所示，你所販賣的商品件數會顯示在「你的商品」之後，點選進入後會看到目前販賣中的商品，如果有買家傳送訊息給你，就會在下方的欄位顯示出來。

另外，點選上圖中的「分享」鈕會出現左下圖的畫面，讓商家選擇分享的方式。點選 ••• 鈕則可刪除商品、或上架到更多的地方，如右下圖所示。

MEMO

高手必讀的
社團集客心法

5

▶ 志同道合的朋友照過來

▶ 社群學習社團的輕課程

▶ 粉專與社團的接力賽

Facebook 是目前擁有最多會員人數的社群網站，也是社群行銷最重要管道之一，其真正精采的行銷價值，並非只是讓企業品牌累積粉絲按讚與免費推播行銷訊息，而是它具備全世界最精準的分眾（Segmentation）行銷能力，很多企業品牌藉此成立「粉絲專頁」或「社團」，將商品的訊息或活動散播到朋友圈。無論社團或粉絲頁，吸引志同道合粉絲都是最重要的第一步，如果沒有長期的維護經營，有可能會使粉絲們取消關注。

我們知道「精準分眾」是社群上最有價值的東西，Facebook 的社團（Group）是指相同嗜好的小眾團體，而「分眾」能力的完美呈現就是透過多采多姿的社團功能，社團可設

爆料分社眾多，每一社團都是 10 萬人起跳

定不公開或私密社團，社團和粉絲專頁有點類似，不過社團採取邀請制，亦即要加入這個社團，必須經過社團管理人的審核，通過才可以加入，而社團的隱私性，提供了更多的空間讓每個成員來討論與互動，成員們都可以主導發言，相較於粉絲專頁，有更多細節功能可設定與使用。

志同道合的朋友照過來

經常有店家會問「Facebook 行銷」難道就只有「粉絲專頁」嗎？可惜的是，很多品牌社群行銷策略似乎只看中粉絲專頁，卻很少運用到越來越流行的社團。2017 年開始，Facebook 在社團機制的優化上下足了功夫，FB「社團」目前已擁有超過 10 億個用戶，最大價值在於能快速接觸目標族群，透過社團的最終目標不單是為了創造訂單，而是打造品牌。

Panasonic
單一型號的
麵包機即擁
有 7 萬個會
員

通常會加入社團的大多是較死忠的鐵粉，貼文內容不得轉分享，社團用途十
分多元，強大到甚至有單一型號的產品都有自己的社團，社團人數更高達上
萬，從偶像粉絲、二手拍賣到各類汽車、手錶、攝影等休閒興趣聚會，例如
Panasonic 麵包機便是很好的範例，愛好者進入專屬社團且主動分享食譜。
Facebook 社團除可為客戶服務外，也可以討論商品或作經驗的交流，如果
你還不熟悉社團的經營，接下來的章節將為你詳細說明。

🤝 建立社團

隨著 Facebook 觸及率不斷下修，許多人開始將經營重心放在創立與經營社
團，但社團性質與粉絲頁完全不同，社團是 FB 中很好用的功能，它能將朋
友湊在一起討論與交流，大夥依據興趣、商務等相同主題來呼朋引伴與共享
資訊，社團是以「個人」帳戶進行建立與管理，任何人要建立社團，新增成
員到社團中，至少要 2 個人（包括自己）才能建立社團。只要從右上角按下
「建立」鈕並下拉選擇「社團」，就可以替你的社團命名和加入會員，請注
意！社團的命名最好要能夠讓人用直覺就能搜尋，名稱與簡介最好能讓人一
眼看出要加入的社團性質。

1. 由「建立」鈕下拉選擇「社團」

2. 設定社團名稱

3. 由此新增成員,也可事後再加入

4. 社團可以是公開的、不公開的、私密社團,由此進行隱私選擇

5. 按此鈕建立社團

Facebook 的社團可以是公開社團、不公開社團、私密社團,差異性如下:

- **公開社團**:所有人都可以找到這個社團,並查看其中的成員和他們發布的貼文,非社團成員也能讀取貼文內容。

- **不公開社團**:所有人都可以找到這個社團,但只有成員可以查看其中的成員和他們發布的貼文。

- **私密社團**:一般用戶無法在搜尋中看到社團,只有成員可以找到這個社團,並查看其中的成員和他們發布的貼文。

此外，社團的隱私設定有公開、不公開、私密三種，建立後的社團只要人數尚未滿 5000 人，管理者就可以隨時變更社團的隱私設定。一旦變更社團的隱私設定，所有的社團成員就會收到訊息通知。社團隱私變更方式如下：

1. 由社團封面下方按下「更多」鈕

2. 點選「編輯社團設定」指令

3. 按下「變更隱私設定」鈕

4. 選擇要變更的選項

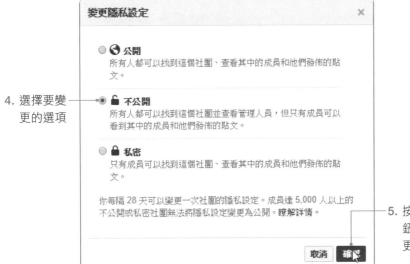

5. 按「確認」鈕完成變更設定

邀請社團成員

社團成立的目的是讓有相同興趣的成員，彼此間可以分享資訊與進行互動，不但可以共享圖片、影片，也可以在成員中建立票選活動。通常 Facebook 的粉絲專頁的用戶稱為「粉絲」；加入社團的用戶則稱作「成員」，想要在社團中邀請成員加入，可在社團封面下方按下「更多」鈕，下拉選擇「邀請成員」指令，就可以在顯示的視窗中輸入朋友姓名，或是輸入電子郵件地址以傳送邀請。

1. 按下「更多」鈕

2. 選擇「邀請成員」指令

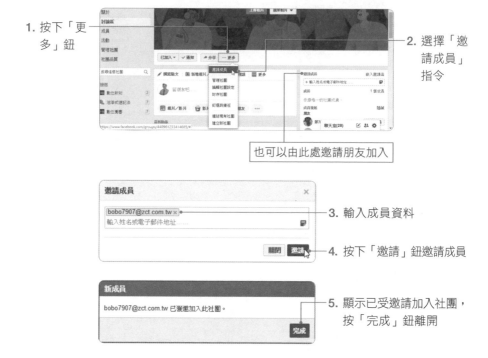

也可以由此處邀請朋友加入

3. 輸入成員資料

4. 按下「邀請」鈕邀請成員

5. 顯示已受邀請加入社團，按「完成」鈕離開

Facebook 社團的右側也會列出成員推薦的名單，直接在朋友大頭貼的後方按下「邀請成員」鈕，那麼該位朋友就會收到通知，就可以把好友拉進社團中。

按此鈕快速邀請社團成員

任何人在 Facebook 上看到喜歡的社團，也可以自行提出要求來加入社團。社團新成員的審核可由社團管理員或是社團成員來審核資格，預設值是由「社團中的所有人」來審查，如果社團建立者希望由管理者或版主來審核，可在如下的視窗中進行修改。

在社團封面下方按下「更多」鈕，點選「編輯社團設定」
指令進入此視窗，由此進行變更

對於想要加入的新會員，管理員或版主可以提出一些問題來詢問，以便深入了解對方是否適合加入此社團，最重要是讓進入社團的新進人員感受到「我很特別」，自己是被精挑細選出來的。例如「Panasonic 國際牌 NB-H3200/3800 烤箱烘焙、料理、材料交流園地」社團，申請加入的成員都必須先回答管理員所提出的問題，沒回答就不會進行審核。有了這樣的設置，管理員就有所依據來判斷使用者是否可以加入此社團，讓參加社團的成員都是具有相同理念或興趣的成員。

只有管理員
能看到申請
者的回答

管理員審核
申請者的題
目

當有新成員要求加入你的社團時，管理者會收到「社團加入申請」的通知，同時看到申請者的相關資料，你可以選擇「批准」或「拒絕」，也可以發訊息給對方或是進行封鎖。如下圖所示：

🧑 編輯社團小撇步

你所管理與參加的社團，Facebook 都會幫你列表管理，由個人首頁的左側，點選「社團」標籤，就能切換到「社團」。

1. 由左側點選「社團」頁籤

2. 列出所有你所管理與參與的社團，點選名稱即可進入該社團

進入自己管理的社團後，如要進行編輯設定，可在社團封面照片下方按下
「更多」鈕，執行「編輯社團設定」鈕，可對社團的類型、簡介、標籤、地
點、應用程式、網址、隱私…等進行編輯設定。

這裡僅就幾項重點做說明：

■ **編輯社團類型**：根據社團的特性，選擇適合的類型。

■ **社團簡介**：社團若為公開社團或不公開社團，潛在成員會看到社團的簡介。

■ **地點**：當用戶尋找所在地區的社團時，可以更容易發現你的社團。

■ **標籤**：管理員最多可新增五個標籤至社團，讓 Facebook 用戶了解社團內容，也可以依主題找到有興趣的社團。

■ **發佈權限**：社團中的所有人都有權利發佈貼文，但也可以設定僅有管理者才有發佈的權限。如果希望所有貼文都必須經由管理者批准和審查，可在下面的選項中進行勾選。

制定社團規則

每個社團的成立都有特定的目標，而成員來自於四面八方，為了讓所有的成員都能夠了解社團規則並共同遵守，以避免不肖廠商加入成會員而任意發佈廣告訊息，影響其他成員的觀感，社團管理者可以預先制定社團規則。要設定社團規則，請切換到「管理社團」頁籤，接著點選「建立規則」，再按下「開始建立」鈕即可制定 10 條的社團規則。

1. 點選「管理社團」頁籤

2. 點選「建立規則」

3. 按「開始建立」鈕

4. 按此欄位即可開始撰寫標題與內容

發佈與排定貼文時間

希望社團的追蹤者能快速地成長，關鍵就是在於能否先提供有價值的貼文給他們。社團的貼文發佈和粉絲頁一樣，任何人只要在貼文區塊中按下滑鼠左鍵，即可開始撰寫貼文內容。

按此處開始撰寫貼文

按此鈕有更多的貼文選擇方式，如下圖所示

如果貼文未到發佈的時間，你也可以預先編寫好，設定未來要發佈的日期與時間，只要時間一到，Facebook 就會自動幫你將貼文發佈出去。請按下「發佈」鈕前方的 🕐 鈕，即可在下面的視窗中設定未來的時間。

1. 指定貼文要發佈的日期與時間

2. 按此鈕進入排定時間

設定完成後，貼文區塊下方就會看到尚未發佈的貼文，如下圖所示：

> 👍 **TIPS** Facebook 為了創造讓影片更貼近社群，用影音打造即時社團互動體驗，像是影片趴（**Watch Party**）功能，邀大家一起「同時」看影片，可以讓社團管理者貼上曾經公開的影片分享到社團中，邊看影片同時使用直播的各式功能，進而在旁討論、互動、分享心得，等於把直播的功能放在影片上，和其他的社團成員同時觀看。

至於已設定好的貼文排程，如果因故需要變更排定的時間，可按下「查看貼文」的連結，或是由社團按下「更多」鈕，下拉選擇「管理社團」指令，再依下面的步驟進行變更。

1. 按「更多」鈕，下拉選擇「管理社團」指令

2. 切換到「排定發佈的貼文」

3. 按此鈕，下拉選擇「重新排定貼文的發佈時間」

社團管理的宮心計

雖然說 Facebook 的粉絲專頁和社團都是一種社群模式，但本質和經營運作模式還是有差異。基本上，社團之於粉絲專頁，更像是祕密交流的基地，如果各位要販賣商品、資訊情報交流或地區型的團體，社團會是不錯的選擇，要經營個人品牌，粉絲頁較適合，通常會加入社團的人大多是較死忠的粉絲或有志一同的網友，例如高人氣的明星或網紅多半會經營自己的社團，並且邀請粉絲加入。

如果希望社團成員數要能像滾雪球一樣成長，一定要想方設法讓成員們願意主動邀請親朋好友進來參與，中間的關鍵就在於社團要先提供價值給成員。因為「參與」是一件需要被誘導的事情，社團中的成員彼此間可以分享資訊與進行互動，例如分享心情小語、近照與影片，也可以利用郵件列表的方式保持聯絡。社團採取邀請制，其中的成員互動性較高，而且每位成員都可以主導發言。

在建立社團後，管理員必須要進行管理，才能讓社團永續經營，成員信任感的營造非常重要，因為社團成員需要持續被提醒才能養成互動參與的習慣。社團管理的工作包括了貼文主題的管理、排定發佈的貼文、建立規則、社團加入申請、批准通知、被檢舉的內容、以及管理員活動紀錄等。請由社團封面下方按下「更多」鈕，下拉選擇「管理社團」指令，或是從社團左側點選「管理社團」的頁籤，就會看到如右下圖所列的管理項目：

⭐ 社團管理的項目

- **管理員活動紀錄**：列出管理員所執行過的各項動作。

- **貼文主題**：加入貼文主題，幫助成員找到感興趣的資訊。

- **排定發佈的貼文**：顯示已排定但未發佈的貼文。

- **社團加入申請**：顯示「由成員邀請」或「已要求加入」的名單，管理員可進行批准或拒絕的動作。

- **批准通知**：設定有用戶要求加入社團時接收通知或是不接收通知。

- **建立規則**：可為社團建立 10 條以內的規則，讓社團會員可以遵守。管理者可以自行發想，或是使用 Facebook 所提供的規則範例來加以修改。

- **入社必答問題**：當有新成員申請加入社團時，待審核的成員必須回答管理員或版主的問題，並同意成員遵守社團規則。於此處可讓管理者設定問題和社團規則。

- **遭成員檢舉**：顯示其他成員檢舉的貼文、限時動態或留言，讓管理員進行檢視，以便作保留或刪除等處置。

- **遭自動標示**：當貼文、留言、限時動態等項目違反社團守則，Facebook就會自動標示並顯示在此。管理者若略過遭標示的內容，這些內容會在30 天後永久刪除。

- **關鍵字提醒**：設定此功能後，成員使用關鍵字時，關鍵字提醒就會顯示在此。

- **自動批准成員資格**：設定為自動批准功能，以後待審的成員只要符合入社資格，系統就會自動將他們加到社團中。

社群學習社團的輕課程

建立的社團類型如果是屬於「社群學習」，那麼管理者可以將貼文進行分類管理，以便於成員查看，此種方式可加深成員對這社團的好感度，也易於培養成員的忠誠度。「社群學習」社團特別的地方是，管理員可以將好的貼文整理成單元，並放很多該類型的文章，解決社團貼文一多就找不到的問題，並且讓其他新進社員更好爬文，幫助更有系統的吸收社團中所提供的相關知識，並能變更內容出現的順序，社團成員透過點擊完成，讓管理員知道他們已和單元互動。此外，在單元中發佈貼文，社團成員輕鬆找到貼文，管理者也可以變更貼文的順序，而貼文也會顯示在「討論區」的動態中，讓你輕鬆為社團成員打造學習歷程。

建立「單元」

各位要在社群學習社團中建立單元，請先切換到自己所管理的社團，由左側按下「單元」頁籤，接著按下「建立單元」鈕即可建立學習單元。

1. 先切換到管理的社團，按下「單元」頁籤

2. 按此鈕建立單元

3. 輸入單元名稱、單元說明等文字

4. 按下「建立單元」鈕

顯示剛剛建立的新單元，按右邊的選項鈕可進行單元的編輯、刪除、上 / 下移

🔵 單元中建立貼文

建立單元後，只要點選單元的標題名稱，進入如下圖所示的貼文發佈區，即可撰寫貼文或加入檔案。

當各位在「單元」之下建立多個貼文，就會顯示如下的畫面，切換到「單元」頁籤後，會員可以清楚了解每一單元所要學習的內容與重點。如果要編輯單元名稱或重新排列貼文順序，可在單元右上角按下 ••• 鈕，再選擇「編輯單元」指令即可。

1. 顯示單元與相關的貼文

2. 執行此指令可重排貼文順序

爽讀單元內容

對於提供學習資料給社團的成員，管理者在學習社團中建立「單元」後，其他的社團成員一旦進入該社團，就會看到單元的圖示，點選「查看單元」的連結即可開始研讀單元的內容，讓你輕鬆為社團成員打造學習歷程。成員只要按下「完成」按鈕，那麼貼文左上角就會顯示綠色的 ✅ 表示完成。

1. 由此二處皆可開始研讀單元內容

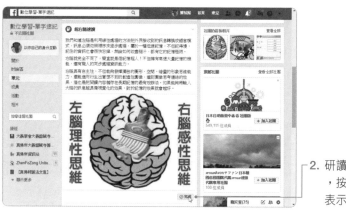

2. 研讀完成，按此鈕表示完成

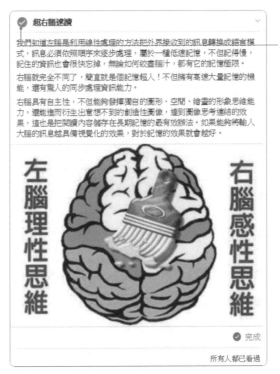

3. 顯示完成符號

社團成員在完成單元內所有貼文的閱讀後,將會顯示如下的視窗,可針對單元內容寫下個人的想法並發佈在社團中。

社團洞察報告的祕密

Facebook 官方逐漸看出了社團的潛力,也開始提供社團的洞察報告,包括簡易的指標衡量功能,管理員對於社團中所建立的各項單元和貼文、人數、屬性,如果要了解社團成員的學習狀況,追蹤成員的貼文進度、數量和成員

最活躍的時間，可以瀏覽「社團洞察報告」。請各位在社團左側點選「社團洞察報告」的頁籤，即可看到各單元與貼文完成的情況。

顯示已建立的單元與貼文標題　　　顯示完成的次數

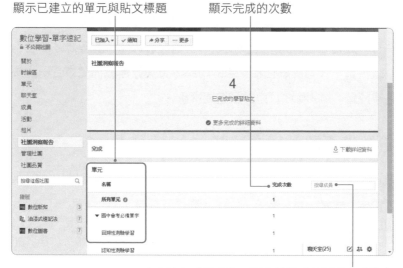

由此輸入成員名字，可杳看該成員是否完成進度

粉專與社團的接力賽

在前面章節介紹中，各位應該已經發現社團的功能並不比粉絲專頁差，專頁雖然仍然可以在留言處與粉絲互動，但終究粉絲專頁的內容是比較偏向單方面丟訊息給粉絲，社團可以分眾管理、匯聚同好的粉絲、進行客戶服務，並討論商品或作經驗的交流，管理者與成員可以提供同樣層級的內容，彼此用戶間的互動大。

Facebook 近來也開始鼓勵品牌或店家將粉絲專頁經營與社團兩項工具整合，並且陸續推出各項功能，隨著社團功能越來越強大，關鍵性功能也將更能緊密結合官方粉絲專頁與社團的關係，例如 FB 已經能讓管理員把自己的社團跟專頁連結，高人氣的粉絲專頁會邀請粉絲加入經營自己的社團，或者讓粉絲專頁認領現有社團，直接由粉絲專頁建立新社團。

原先社團只能由個人帳號來管理，現在由官方粉絲專頁認領後，就可以用粉絲專頁的角色來進行發言。整合屬性相同的粉絲專頁和社團，不但可以將粉絲們帶往社團，邀請粉絲們加入社團，在進行廣告投遞時也能精準的放送至目標客戶，達到品牌行銷與獲利的目的。對多數品牌與店家而言，無論社團或粉絲頁，經營社群行銷最重要的核心價值在於理念，有理念才能吸引更多的粉絲或成員，如何讓屬性相契合的粉絲專頁與社團發揮雙效合一的威力，才是往後經營 Facebook 行銷的最重要關鍵。

粉絲專頁認領現有社團

首先我們來看看，粉絲專頁如何認領（link）現有的社團。請切換到粉絲專頁的「設定」標籤，然後依照下面的步驟進行設定。

1. 按下「設定」鈕

2. 切換到「範本和頁籤」　3. 由「社團」頁籤後方按下「設定」鈕，使顯現如圖畫面，並設定為「開啟」狀態

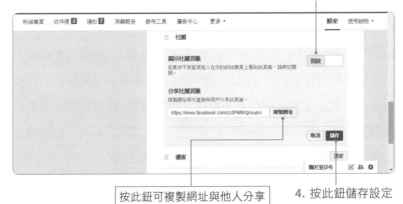

按此鈕可複製網址與他人分享　4. 按此鈕儲存設定

當各位切換到「範本和頁籤」時,如果你沒有找到「社團」的頁籤,可在頁籤下方按下「新增頁籤」鈕,即可將「社團」的頁籤新增進來。

請由左上方切換到「粉絲專頁」標籤,接著點選左側的「社團」頁籤,就會看到如下的畫面,請按下「連結你的社團」鈕進行連結,即可集中尋找並管理所有連結的社團,也能使用粉絲專頁管理者或個人的身分,在社團中與他人互動。

1. 由粉絲專頁中按下「社團」頁籤

2. 按此鈕連結你的社團

3. 找到你所管理的社團,按下「連結」鈕

4. 繼續按下「連結社團」鈕完成設定

設定完成後,就會收到通知,告知你的粉絲專頁已連結到社團,並成為社團的管理員。當在社團動態中要進行貼文時,會發現已經變成以粉絲專頁管理員的身分進行互動。

要注意的是,「連結社團」只能連結到你自己所管理的社團,而無法連結到其他人管理的社團,即便該社團與你的粉絲專頁有關也是無法辦到喔!

為粉絲用戶與社團搭起一座橋

剛剛完成粉絲專頁認領現有的社團,但是要把粉絲專頁裡的粉絲用戶也帶往你的社團,就必須透過「按鈕」讓他們可以直接前往社團。請在粉絲專頁首頁下方進行如下的設定。

1. 按此鈕,下拉選擇「編輯按鈕」指令

2. 點選「加入你的社群」,再選擇「前往社團」

3. 按「下一步」鈕

4. 點選此鈕
選擇社團

5. 按此點選
社團

6. 選擇「儲
存」鈕

7. 完成社團
設定，按
「完成」
鈕離開

按鈕變更完
成，粉絲們
按下此鈕即
可前往社團

👥 粉專中建立新社團

前面已經看過如何讓粉絲專頁認領現有的社團，如果已經有粉絲頁，卻還沒有社團，那麼現在來學習如何由粉絲專頁直接建立新社團，讓粉絲專頁的管理員也可以分眾管理社團。請由粉絲專頁左側按下「社團」的頁籤，即可看到如圖的畫面。

1. 由粉絲專頁左側按下「社團」頁籤

2. 按下「建立社團」鈕

3. 設定新社團名稱

4. 輸入成員名字使之加入

5. 按此鈕會在下方加入備註欄，讓邀請函增添個人風格

6. 設定社團為公開 / 不公開

7. 按此鈕建立新社團

如果粉絲專頁已經有社團，想要再加開其他社團，一樣是切換到「社團」頁籤，按下「建立社團」鈕即可新建。

讓粉絲大把掏錢的
IG 視覺行銷實戰

6

Instagram（IG）是一款依靠行動裝置興起的免費社群軟體，短短幾年卻吸引廣大用戶，現在無論是政府或品牌都紛紛尋找一個能接觸年輕族群的管道，而聚集了許多年輕族群的 IG 當然成了各家首選。IG 用戶將智慧型手機所拍攝下的相片，透過濾鏡效果處理後變成美美的藝術相片，還能加入心情文字、隨意塗鴉讓相片更有趣生動，並連結分享到 Facebook、Twitter、Tumblr…等社群網站。

⭐ ESPRIT 透過 IG 發佈時尚短片，引起廣大迴響

🌐 初探 IG 的異想世界

對於現代行銷人員而言，需要關心 Instagram 的原因是能近距離接觸到潛在受眾，IG 全球每個月活躍用戶超過 9 億人，尤其是 15-30 歲的年輕受眾群體。根據《天下》雜誌調查，IG 在台灣 24 歲以下的年輕用戶占 46.1%。

懂得利用 Instagram 的龐大社群網路系統，藉由社群的人氣，增加粉絲們對於企業品牌的印象，將更有利於聚集目標客群並帶動業績成長，使用上建議以手機為主，方便進行美拍、瀏覽、互動或行銷。IG 主要在 iOS

⭐ 星巴克經常在 Instagram 上推出促銷活動

與 Android 兩大作業系統上使用，也可以在電腦上做登入，用以查看或編輯個人相簿。官網：https://www.instagram.com/，如果你還未使用過，那麼這裡教你如何從手機下載 Instagram App，學會 IG 帳戶的申請和登入。

🔹 LG 使用 IG 行銷帶動新手機上市熱潮

🎬 從手機安裝 IG

iOS 的用戶，請至 App Store 搜尋「Instagram」關鍵字；Android 的用戶，請於 Google Play 搜尋「Instagram」，找到該程式後按下「安裝」鈕即可進行安裝。安裝完成桌面上就會看到 📷 圖示，點選該圖示鈕就可進行註冊或登入的動作。

安裝完成，手機桌面顯示 Instagram 圖示

按此鈕安裝 Instagram App

登入 IG 帳號

由於 Instagram 已被 Facebook 收購，如果你是 FB 用戶，只要在已登入的狀態下申請 IG 帳戶，就可以快速登入。如果沒有 FB 帳號，就請以手機電話號碼或電子郵件來進行註冊，選擇以電話號碼申請時，輸入的手機號碼會自動顯示在畫面上，按「下一步」鈕後，IG 會發簡訊給你，收到認證碼後將認證碼輸入即可；如果是以電子郵件進行申請，則請輸入郵箱全址和密碼來進行註冊。

Instagram 比較特別的地方是除了真實姓名外還有一個「用戶名稱」，當你分享相片或是到處按讚時，就會以「用戶名稱」顯示，用戶名稱可隨時做更改，因為 IG 帳號是跟註冊的信箱綁在一起，所以申請註冊時會收到一封確認郵箱地址的信函。

註冊的過程中，Instagram 會貼心地讓申請者進行「Facebook」的朋友或手機「聯絡人」的追蹤設定，如左下圖所示。要追蹤 FB 中的朋友請在朋友大頭貼後方按下藍色的「追蹤」鈕，使之變成白色的「追蹤中」鈕即完成追蹤設

定,同樣的邀請朋友也只需按下藍色的「邀請」鈕,或是按「下一步」鈕先行略過,之後再從「設定」功能中進行用戶追蹤即可。

按下藍色按鈕就可以對Facebook朋友進行「追蹤」或「邀請」

完成上述的步驟後就成功加入 Instagram 社群囉!無論選擇哪種註冊方式,都已經朝向 IG 行銷的道路邁進。下回只要在手機桌面上按下 ⓘ 鈕直接進入,不需再輸入帳密。

個人檔案建立要領

經營個人的 Instagram 帳戶,可以是分享個人日常的大小事情,偶爾也可以進行商品的宣傳。倘若你是手工餅乾店的老闆,就可以分享平日製作手工餅乾的技巧與心得,介紹新研發的口味與特色,或是研發此類型餅乾的緣由。這樣的手法讓追蹤者閱讀起來較沒有壓力,也不會覺得是在販售商品,但是卻能達到行銷宣傳的效果。

想要一開始就給粉絲與好友一個好印象,那麼完善的個人檔案不可或缺,大頭貼和個人簡介都是其他用戶認識你的第一步。

個人簡介的內容隨時可以變更修改,也能與其他網站商城社群平台做串接。要進行個人檔案的編輯,可在「個人」 👤 頁面上方點選「編輯個人檔案」鈕進入如下畫面,其中的「網站」欄位可輸入網址資料,如果有網路商店,那麼此欄務必填寫,因為它可以幫你把追蹤者帶到店裡進行購物。下方還有「個人簡介」,請盡量將主要銷售的商品或特點寫入,並將其他可連結的社群或聯絡資訊加入,方便他人可以聯繫到你。

商家務必重視個人檔案的編寫,不管是用戶名稱、網站、個人簡介,都要從一開始就留給顧客一個好的印象

其他用戶所看到的資訊呈現效果

千萬不要將「個人簡介」的欄位留下空白，完整資訊將為品牌留下好的第一印象，能夠清楚提供訊息會讓你看起來更具專業與權威，隨時檢閱個人簡介，試著用 30 字以內的文字敘述自己的品牌或產品內容，讓其他用戶可以看到你的最新資訊。

集客亮點的大頭貼

當有機會被其他 Instagram 用戶搜尋到，那麼第一眼被吸引的絕對會是個人頁面上的大頭貼照，其重要性不可言喻。圓形的大頭貼照可以是個人相片，或是足以代表用戶特色的圖像，以便從一開始就緊抓粉絲的視覺動線。另外，也能以企業標誌（LOGO）來呈現，運用創意且吸睛的配色，讓品牌能夠一眼被認出，讓用戶對你的品牌／形象產生連結。

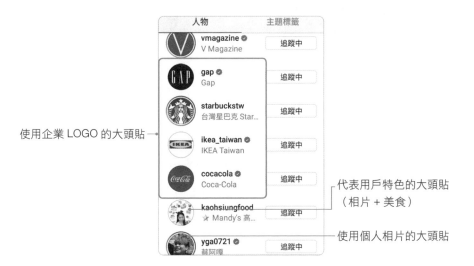

使用企業 LOGO 的大頭貼

代表用戶特色的大頭貼
（相片 + 美食）

使用個人相片的大頭貼

如果要更換大頭貼相片，請在「編輯個人檔案」的頁面中按下圓形的大頭貼照，進入如右圖的選單，可選擇「從 Facebook 匯入」指令，只要在已授權的情況下，就會直接將該社群的大頭貼匯入更新。若是要使用新的大頭貼照，就選擇「新的大頭貼照」來進行拍照或選取相片，此時可以在相片上進行創意配色或其他調整，讓品牌能一眼就被認出。

更換大頭貼照

新的大頭貼照

從 Facebook 匯入

移除大頭貼照

👥 贏家的命名思維

Instagram 所使用的帳戶名稱，命名時最好要能夠讓其他人用直覺就能夠搜尋，名稱與簡介能夠讓人一眼就看出來。所以若使用 IG 的目的在行銷自家的商品，那麼建議帳號名稱取一個與商品相關的好名字，並添加「商店」或「Shop」的關鍵字，方便容易被其他用戶搜尋到。

如左下圖所示，該用戶是以分享「高雄」美食為主，所以用戶名稱直接以「Kaohsiungfood」命名，自然增加被搜尋到的機會。或是如右下圖所示，搜尋關鍵字「shop」，也很容易看到該用戶的資料了。

取一個與你行銷有關連的好名字吧！

千萬別以為用戶名稱無關緊要，用心選擇一個貼切於商品類別的好名稱，直覺地去命名，以朗朗上口好記且容易搜尋為原則，將來用在宣傳與行銷上，可幫助推廣商品。

🌐 一看就懂的 IG 操作功能

要好好利用使 Instagram 來進行行銷活動，當然要先熟悉它的操作介面，了解各種功能的所在位置，用起來才能順心無障礙。IG 主要分為五大頁面，由手機螢幕下方的五個按鈕進行切換。

首頁　　　搜尋　　　新增　　追蹤所愛　　個人

■ **首頁**：瀏覽追蹤朋友所發表的貼文，還可進行拍照、動態錄影、限時動態、訊息傳送。

■ **搜尋**：鍵入姓名、帳號、主題標籤、地標等，用來對有興趣的主題進行搜尋。

■ **新增**：從「圖庫」選取已拍攝的相片、切換到「相片」進行拍照，拍照後即可將結果分享給朋友。

■ **追蹤所愛**：所追蹤的對象對哪些貼文按讚、開始追蹤了誰、誰追蹤了你、留言中提及你…等，都可在此頁面看到。

- **個人**：由此觀看上傳的所有相片／貼文內容、摯友可看到的貼文、有你在內的相片／影片、編輯個人檔案，如果是第一次使用 Instagram，它也會貼心地引導你進行。

編輯用戶名稱、網站、個人簡介等資訊

三大標籤，依序是格狀排序、IGTV、標註有你的相片影片

新增商業帳號

在 Instagram 的帳號通常是屬於個人帳號，但若是要利用帳號做商品的行銷宣傳，則也可選擇商業模式的帳號。通常使用的若是商業帳號，自然是以經營專屬的品牌為主，主打商品的特色與優點，目的在宣傳商品，所以一般用戶不會特別按讚，追蹤者相對也比較少些。建議可以將個人帳號與商業帳號並用（因為 IG 允許一個人能同時擁有 5 個帳號）。早期使用不同帳號時必須先登出後，再以另一個帳號登入，現在已可以直接方便地作帳號切換。

同時在手機上想要經營兩個以上的 Instagram 帳號，須先到「個人」頁面中新增帳號。請在「設定」頁面最下方選擇「新增帳號」指令進行新增。新帳號若是還沒註冊，請先註冊新的帳號喔！如圖示：

擁有兩個以上的帳號後，若要切換到其他帳號時，可以從「設定」頁面下方選擇「登出」指令，登出後會看到左下圖，再點選「切換帳號」鈕，接著會顯示右下圖的畫面，只要輸入帳號的第一個字母，就會列出帳號清單，直接點選帳號名稱就可進行切換。

1. 按此切換帳號

2. 出現帳號清單時，直接點選要登入的帳號即可

此外，當手機已同時登入兩個以上的帳號後，就可以從「個人」頁面的左上角快速進行帳號的切換喔！

1. 按此鈕

2. 出現帳號清單時，直接點選要進入的帳號名稱

若沒看到其他帳號，也可以由此進行新增帳號

廣邀朋友的獨門祕技

經營 Instagram 真的需要花費時間做功課，要成功吸引到有消費力的客群加入更要不少心力，其實不管經營任何社群平台，基本目標一定還是會在意粉絲數的增加，就跟開店一樣，要培養自己的客群，特別是剛開立帳號，商家們都期待可以觸及更多的人，一定會先邀請自己的好友幫你按讚。此時便有機會相互追蹤，請他們為你上傳的影音 / 相片按讚（愛心）增強人氣。

由「設定」頁面邀請朋友

由「設定」頁面按下「邀請朋友」鈕，下方會列出各項應用程式，諸如電子郵件、Messenger、LINE、Facebook、Skype、Gmail…等，直接由列出清單中點選想要使用的程式圖鈕即可。

以手指滑動頁面，可看到更多的應用程式

以 Facebook/Messenger/LINE 邀請朋友

由各社群邀請朋友加入是件相當簡單的事，如下所示，Facebook 只要留個言，設定朋友範圍，即可「分享」出去。Messenger 只要按下「發送」鈕就直接傳送，或是 LINE 直接勾選人名，按下「確定」鈕，系統就會進行傳送。

Facebook 畫面

Messenger 畫面

LINE 畫面

保證零秒成交的貼文祕訣

在社群經營上，與消費者的互動是非常重要的，發佈貼文的目的是盡可能讓越多人看到。一張平凡的相片，搭配上一則好文章，也能搖身變成魅力十足的貼文。寫貼文時要注意標題的訂定，設身處地為客戶著想，了解他們喜歡聽什麼、看什麼，或是需要什麼，這樣撰寫出來的貼文較能引起共鳴。標題部分最好能有關鍵字，同時將關鍵字不斷出現在貼文中，再分享到各社群網站上增加觸及率。

設身處地為客戶著想，較容易撰寫出引人共鳴的貼文

在 Instagram 上貼文發佈的頻率並沒有一定的答案，但建議盡可能每天都能更新動態，或者一週發幾則近況，因為發文的頻率確實和追蹤人數的成長有絕對的關聯性，能夠規律性的發佈貼文，粉絲們也會定期追蹤動態。但也不要在同一時間連續更新數則動態，太過頻繁會有疲勞轟炸的感覺，寧可慎選相片之後再發佈。當追蹤者願意按讚，一定是因為內容有趣，所以必須保證所發的貼文有吸引粉絲的亮點。

😊 一次只強調一個重點，才能讓觀看者有深刻印象

😊 按讚與留言

在 Instagram 中和他人互動是非常容易的事，對於朋友或追蹤對象所分享的相片／影片，如果喜歡的話可在相片／影片下方按下♡鈕，它會變成紅色的心型 ❤，這樣對方就會收到通知。如果想要留言給對方，則請按下◯鈕在「留言回應」的方框中進行留言。

🧑 開啟貼文通知

不想錯過好友或粉絲所發佈的任何貼文，可以在找到好友帳號後，從其右上角按下「選項」鈕 ⋮ 鈕，並在跳出的視窗中點選「開啟貼文通知」的選項，之後好友所發佈的任何消息就不會錯過。

同樣地，想要關閉好友的貼文通知，也是同上方式在跳出的視窗中點選「關閉貼文通知」指令就可完成。

檢舉......
封鎖
嘖聲
隱藏限時動態
複製個人檔案網址
傳送訊息
以訊息傳送個人檔案
開啟貼文通知
開啟限時動態通知

點選此項，好友發佈貼文都不會錯過

🧑 偷偷加入驚喜元素

在貼文、留言或是個人檔案之中，可以適時地穿插一些幽默的元素，像是表情、動物、餐飲、蔬果、交通、標誌…等小圖示，讓單調的文字顯現活潑生動的視覺效果。

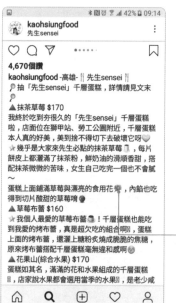

個人簡介中也可以穿插小圖示，以拉近和他人的距離

貼文中可加入各種生動活潑的小圖案作為點綴

要在貼文中加入這些小圖案並不困難，當輸入文字時，在手機中文鍵盤上方按下  鈕，就可以切換到小插圖的面板，如右下圖所示，最下方有各種類別可以進行切換，點選喜歡的小圖示即可加入至貼文中。

1. 按此鈕切換到表情符號

2. 由此切換到各種類別，再選擇要加入的圖示鈕即可

相機 📷 功能中的「建立」模式也可以輕鬆為文字貼文加入各種小插圖，如左下圖所示。別忘了還有 😊 功能，使用趣味或藝術風格的特效拍攝影像，只需簡單的套用，便可透過濾鏡讓照片充滿搞怪及趣味性，並做出各種驚奇的效果，偶爾運用也能增加貼文的趣味性喔！

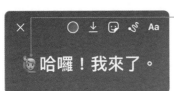

文字貼文也可以加入小插圖

進行拍照時，按此鈕可加入各種特效

😊 標註人物 / 地點

要在貼文中標註人物時，只要在相片上點選人物，它就會出現「這是誰？」的黑色標籤，這時就可以在搜尋列輸入人名，不管是中文名字或是用戶名稱，Instagram 會自動幫你列出相關的人物，直接點選該人物的大頭貼就會自動標註，如右下圖所示。同樣地，標註地點也非常的容易，輸入一兩個字後就可以在列出的清單中找到你要的地點。

由此進行人名
和地點的標註

輸入用戶名稱或中文
名字,就可以快速找
到該用戶並進行標註

推播通知設定

在 Instagram 裡主要以留言為溝通的管道,當你接收到粉絲的留言時應該

迅速回覆,一旦粉絲收到訊息通知,知道他的
留言被回覆時,他也能從中獲得樂趣與滿足
感。若與粉絲間的交流變密切,粉絲會更專注
你在 IG 上的發文,甚至會分享到其他的社群之
中。如果你希望將任何人的留言都通知給你,
那麼可在「設定」頁面的「通知」進行確認。

點選各項目即可
進行細部的設定

選此項進行通知設定

點選「通知」後,你可以針對以下幾項來選擇開啟或關閉通知,包括:對於
讚、回應、留言的讚、有你在內的相片所收到的讚和留言、新粉絲、已接受的
追蹤要求、Instagram 上的朋友、Direct 訊息、有你在內的相片、提醒、第一
則貼文和限時動態、產品公告、觀看次數、直播視訊、個人簡介中的提及、
IGTV 影片更新、視訊聊天。你可以針對需求來設定各項通知的開啟與關閉。

貼文的夢幻變身祕技

社群媒體是最直接接觸到品牌的地方，也因此消費者時常在社群中提問，Instagram 的貼文需要花許多時間經營，貼文的重要性可想而知，且貼文不只是行銷工具，也能做為與消費者溝通或建立關係的橋樑，以文字來推廣商品或理念時盡可能要聚焦，而且一次只強調一項重點，這樣才能讓觀看的粉絲有深刻的印象。

主題色彩的大氣貼文

建立文字貼文最簡單的方式，就是利用「主題色彩」和「背景顏色」來快速製作。請在 Instagram「首頁」按下「相機」鈕，在顯示的畫面最下方切換到「建立」，接著點按螢幕即可輸入文字。

按此鈕變換主題色彩

2. 點一下螢幕，開始輸入文字

3. 顯示你所輸入的文字內容

1. 切換到「建立」

這裡變換背景顏色

螢幕上方的橢圓形按鈕有提供打字機、粗體、現代、霓虹等主題色彩，按點該鈕會一併變更文字大小和字體顏色使符合該主題，而右下方的圓鈕可變換背景顏色。「打字機」的主題色彩因為可輸入較多的文字，所以還提供文字對齊的功能，可設定靠左、靠右、置中等對齊方式。

這裡還可以繼續加
入其他文字和效果

選擇分享的方式

文字和主題色彩設定完成後，即可進行分享或傳送。

吸睛 100% 的文字貼文

別小看「文字」貼文的功能，事實上 Instagram 的「建立」亦能變化出有設
計味道的文字貼文，包括為文字自訂色彩、為文字框加底色、幫文字放大縮
小變化、為文字旋轉方向、也可以將多組文字進行重疊編排，製作出與眾不
同的文字貼文。

按此鈕可為文字框設定底色

拖曳文字時可「全選」文
字，為文字設定顏色

長按於色塊會變成光譜，可
自行調配顏色

善用這些文字所提供的功能，就能在畫面上變化出多種文字效果，組合編排這些文字來傳達行銷的主軸，也不失為簡單有效的方法。

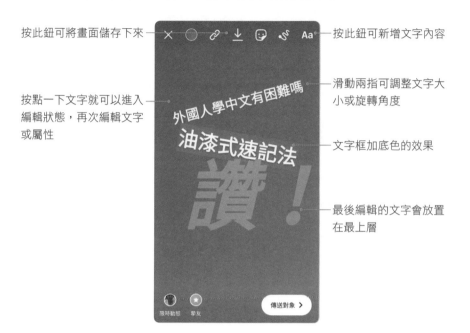

按此鈕可將畫面儲存下來

按此鈕可新增文字內容

滑動兩指可調整文字大小或旋轉角度

按點一下文字就可以進入編輯狀態，再次編輯文字或屬性

文字框加底色的效果

最後編輯的文字會放置在最上層

人難免有疏忽的時候，有時候貼文發佈出去才發現有錯別字，想要針對錯誤的資訊的進行修正，可在貼文右上角按下「選項」 ⋮ 鈕，再由顯示的選項中點選「編輯」指令，即可編修文字資料。

1. 按「選項」鈕

2. 選擇「編輯」指令編輯資料

🖐 分享至其他社群網站

想要將貼文或相片分享到 Facebook、Twitter、Tumblr 等社群網站，只要按下 ⊕ 鈕選定相片，依序「下一步」至「新貼文」的畫面，再從欲發佈的其他社群中開啟該功能，按下「分享」鈕，相片 / 影片就傳送出去了。

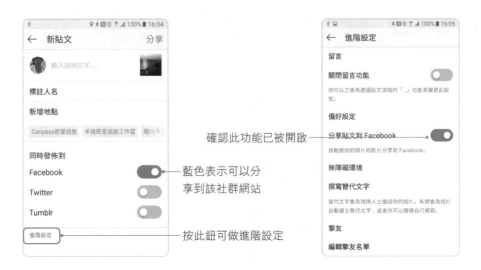

雖然個人或商家都應該在「個人」頁面上建立完善的資料，包括個人簡介、網站資訊、電子郵件地址、電話等，因為這是其他用戶認識你的第一步。但是一般用戶在瀏覽貼文時並不會特別去查看，所以每篇貼文的最後，最好也能放上官方連結和聯絡的資訊，如商家地址、營業時間、連絡電話等，方便粉絲直接連結和查看。

showlostager [20181019] 美好奇妙夜 3p
Sexy💧💧 @showlostage #showlo
#showlostage #羅志祥
Cr:泡泡冰專送｜羅志祥

👥各項活動可私訊詢問及報名！
🔍IG搜尋：va俱樂部
💅也可點選IG個人簡介 @focus0103 上的網站，詢問及報名！

❌ 貼文最後需要加入聯絡資訊

觸及率翻倍的
IG 拍照與吸睛大法

- ▶ 相機功能完美體驗
- ▶ 創意百分百的編修技法
- ▶ 一次到位的影片拍攝基本功
- ▶ 攝錄達人的吸睛方程式
- ▶ 打造相片排版魅惑集客力

Instagram 是年輕族群最常用的社群網站，許多網路商家都會透過 IG 限時動態來陳列新產品的圖文資訊，而消費者在瀏覽後也可以透過連結進入店鋪做選購，當文字加上吸睛的圖像照片，不知不覺中就有了導購的效果，這種針對目標族群的互動性，將能有效提升商品的點閱率。例如紐約知名的杯子蛋糕名店 Baked by Melissa，就張貼了有趣又繽紛的貼文，使蛋糕照更添一份趣味，讓粉絲更願意分享，並與當地甜食愛好者建立起相當緊密的聯繫互動。

Baked by Melissa
的蛋糕相片張張
都讓人垂涎欲滴

Adidas 的 相 片
行 銷 力 相 當 與
眾 不 同

要拍出好的攝影作品，需要基本的美學素養作為基礎，以確保每張發表的相片貼文都是新鮮、獨特且具有創造力。有鑑於此，在此將介紹如何使用 Instagram 來拍攝美照、如何進行美照編修、以及攝錄影祕訣、構圖技巧等主題，讓大家精進拍攝技巧，打造引以為傲的藝術相片。

相機功能完美體驗

Instagram 行銷要成功，最重要的就是圖片 / 相片的美麗呈現，因為拍攝的相片不夠漂亮，很難吸引用戶們的目光，粉絲永遠都是喜歡網路上美感的事物，用戶可將智慧型手機所拍攝下來的相片 / 影片，利用濾鏡或效果處理變成美美的藝術相片，然後加入心情文字、塗鴉或貼圖，讓生活記錄與品牌行銷的相片更有趣生動。接著先來認識 IG 相機拍照功能。

Instagram 有兩個功能可以進行相片拍攝，一個是首頁的「相機」◎，另一個則是「新增」⊕頁面，二者都可以進行自拍或拍攝景物，光線昏暗時都可加入閃光燈，但是它們在畫面尺寸和使用技巧有些不同：

- **相機 ◎**：拍攝的畫面為長方型，拍攝後以手指尖左右滑動來變更濾鏡，或使用兩指尖進行畫面縮放、旋轉等處理，沒有提供明暗調整的功能，但是可以加入文字、塗鴉線條、插圖等，這是它的特點。
- **新增 ⊕**：拍攝的畫面為正方形，可套用濾鏡、調整明暗亮度、或進行結構、亮度、對比、顏色、飽和度、暈映…等各種編輯功能，著重在相片的編修。

拍照 / 編修私房撇步

用戶將拍攝的相片，透過編輯工具提升照片亮度、銳利化、或調整角度，並以濾鏡效果來傳遞心境與情緒，使圖像對品牌行銷產生一定的影響性。當各位在「首頁」左上角按下「相機」◎鈕將會進入拍照狀態，由下方透過手指左右滑動，即可切換到「一般」進行拍照。

切換到「一般」拍照模式

加入有趣的特效

自拍 / 拍景物

切換到「一般」模式後，按下 ⚡ 鈕會開啟相機的閃光燈功能，方便在灰暗的地方進行拍照，而 🔄 鈕用來做前景拍攝或自拍的切換。

調整好位置後，按下白色的圓形按鈕進行拍照，之後就是動動手指來進行濾鏡的套用和旋轉／縮放畫面，多這一道手續會讓畫面看起來更吸睛搶眼。另外，建議各位可以將相片處理過後按下 ⬇ 鈕儲存下來，之後想要加入各種圖案或資訊都會更方便喔！

按此鈕儲存目前的畫面

左右滑動指尖可套用濾鏡

動動拇指、食指可旋轉或縮放畫面

Instagram 在相片功能上還增加了 😊 和 🔗 兩個功能，選用 😊 鈕後有二十多種靜態或動態的特效可以套用至相片上。而 🔗 則是提供更多選項，讓觀眾在限時動態向上滑動時可以看見你所選擇的內容，包括 IGTV 影片、標註企業合作、甚至是品牌置入內容等，但是後兩項並不是所有的用戶都可以使用。

按此鈕可套用特效

點 選「IGTV 影片」可以將製作的 IGTV 影片加入

不想套用請選擇此鈕

而選用「新增」⊞功能，則是在拍攝相片後是透過縮圖樣本來選擇套用的濾鏡，切換到「編輯」標籤則有各種編輯功能可選用。

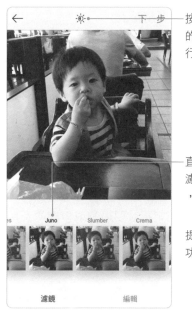

按此鈕針對畫面的明暗與對比進行調整（Lux）

直接可看到各種濾鏡套用的效果，可快速選取

提供的各種編輯功能

Instagram 所提供的相片「編輯」功能共有 13 種，包括：調整、亮度、對比、結構、暖色調節、飽和度、顏色、淡色、亮部、陰影、暈映、移軸鏡頭、銳化等，點選任一種編輯功能就會進入編輯狀態，基本上透過手指指尖左右滑動即可調整，確認畫面效果則按「完成」離開。

「編輯」功能所提供的編修要點簡要說明如下：

- **Lux**：此功能獨立放置在頂端，以全自動方式調整色彩鮮明度，讓細節凸顯，是相片最佳化的工具，可快速修正相片的缺點。

- **調整**：可再次改變畫面的構圖，也可以旋轉照片，讓原本歪斜的畫面變正。

- **亮度**：將原先拍暗的照片調亮，但是過亮會損失一些細節。

- **對比**：變更畫面的明暗反差程度。

- **結構**：讓主題清晰，周圍變模糊。

- **暖色調節**：用來改變照片的冷、暖氛圍，暖色調可增添秋天或黃昏的效果，而冷色調適合表現冰冷冬天的景緻。

- **飽和度**：讓照片裡的各種顏色更艷麗，色彩更繽紛。

- **顏色**：可決定照片中的「亮度」和「陰影」要套用的濾鏡色彩，幫你將相片進行調色。

- **淡化**：讓相片套上一層霧面鏡，呈現朦朧美的效果。

- **亮部**：單獨調整畫面較亮的區域。

- **陰影**：單獨調整畫面陰影的區域。

- **暈映**：在相片的四個角落處增加暈影效果，讓中間主題更明顯。

- **移軸鏡頭**：利用兩指間的移動，讓使用者指定相片要清楚或模糊的區域範圍，打造出主題明顯，周圍模糊的氛圍。

- **銳化**：讓相片的細節更清晰，主題人物的輪廓線更分明。

如左下圖所使用的是「調整」功能，使用指尖左右滑動可以調整畫面傾斜的角度，讓畫面變得更搶眼且具動感，透過「移軸鏡頭」功能選擇畫面清晰和模糊的區域範圍，就如右下圖所示，將背景變得模糊些，小孩的臉部表情就比左下圖的更鮮明。

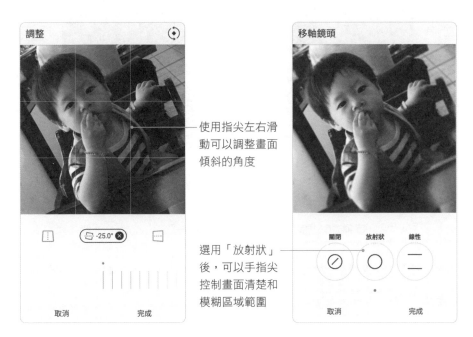

使用指尖左右滑動可以調整畫面傾斜的角度

選用「放射狀」後，可以手指尖控制畫面清楚和模糊區域範圍

🎥 神奇的濾鏡功能

Instagram 是個比較能展現自我並尋找靈感的平台，許多品牌主都不斷的在思索，如何在 IG 上創造更吸睛的內容，例如強大的濾鏡功能，能輕鬆幫圖像增色，形成自我品味與風格。根據美國大學調查報告指出，使用濾鏡優化圖像的貼文比未使用的高出 21% 的機會被檢視，並得到更多回文機會。

如左下圖所示是原拍攝的水庫景緻，只要一鍵套用「Clarendon」的濾鏡效果，自然翠綠的湖面立即顯現。

❖ 原拍攝畫面

❖ 套用「Clarendon」濾鏡

你也可以透過濾鏡來改變或修正原相片的色調。如下圖的雕像，一鍵套用「Earlybird」的濾鏡效果，立即打造出復古懷舊風。

❖ 原拍攝畫面

❖ 套用「Earlybird」濾鏡

Instagram 提供的濾鏡效果有 40 多種，但是預設值只有顯示 25 種，若是經常會用到濾鏡功能，不妨將所有的濾鏡效果都加進來。選用「新增」⊕功能後進入「濾鏡」標籤，將濾鏡圖示移到最右側會看到「管理」的圖示，按下該鈕進入「管理濾鏡」畫面，依序將未勾選的項目勾選起來，離開後就可以看到增設的濾鏡。針對濾鏡的排列順序，也可以使用手指上下滑動來進行調整，例如喜歡黑白照片，那麼就把「Moon」的濾鏡排列在最前方，當要套用時就可以輕鬆找到。

點選圖示上下移動，可改變濾鏡排列的先後順序

1. 按此鈕進入「管理濾鏡」畫面

2. 依序按點濾鏡，使呈現勾選狀態即可

從圖庫分享相片

年輕族群是 Instagram 的主要用戶，對圖像感受力敏銳，對於現代年輕人而言，相片比文字吸引人，也更符合這個世代溝通方式，新手如果要從圖庫中進行相片或影片的分享，請在「個人」頁面👤，按下「分享第一張相片或影片吧！」的超連結，開始從手機的「圖庫」中找尋已拍攝的影片。或是由「首頁」🏠的左上角按下「相機」📷鈕，進入左下圖的畫面後，切換到「一般」，按下「圖庫」鈕即可瀏覽並選取已拍攝的相片。

首次分享相片者，可在「個人」頁面按此開始分享

1. 相機切換到「一般」

2. 按「圖庫」鈕選取圖片

從 Instagram 視覺化行銷面來看，讓圖片說故事是最好的行銷概念，對年輕客群而言，第一眼視覺接觸往往直接反應喜好與否。將自己用心拍攝的圖片加上文字分享至行銷活動中，對於提升品牌忠誠度來說會有相當大的幫助。貼文中也可以一次放置十張相片或影片，如要放置多張相片請從首頁左上按下相機鈕，進入圖庫後點選 ⬚ 鈕，相片縮圖的右上角就會出現圓圈，請依序點選縮圖即可。

1. 點選此鈕進行多張相片的選取

2. 依序選取要使用的相片

4. 手指左右移動可以調整濾鏡效果，也可以旋轉相片角度、或縮放相片

3. 按「下一步」鈕進入右圖

5. 按「下一步」鈕進入分享的畫面

選好圖片後，動動手指可為畫面做進一步的調整，如左下圖，食指左右滑動可看到加入前後濾鏡的畫面，方便比較，兩根手指頭動一動畫面可放大縮小旋轉角度，讓畫面顯現更不一樣的風貌。

食指左右滑動可調整濾鏡

兩根手指頭動一動可縮放和旋轉角度

🤳 酷炫有趣的自拍照

如果各位使用「相機」📷功能，在拍照鈕旁邊有二十多種的效果圖案與動態變化供選擇，點選圖案鈕套用即可馬上看到效果，操作技巧如右圖。

2. 這裡還有副選項可以選擇變化

3. 擺好你的姿勢後按此鈕進行拍照

1. 選取想要套用的按鈕圖案

Instagram 不斷加入各種酷炫有趣的自拍效果，不妨整個瀏覽一番，下一次使用時就能運用自如。如下所示，很多的效果都可以嘗試看看。

除此之外，Instagram 還提供各種特效庫，可供各位立即試用，這是由許多的創作者所提供的，將特效移到最右側後，即可看到特效庫。

按此鈕

玩轉迴力鏢與超級變焦功能

以「相機」📷 功能進行拍照時，除了一般正常的拍照外，還能嘗試使用「迴力鏢」（BOOMERANG）和「超級變焦」兩種模式進行創意小影片的拍攝，這兩種影片都是限定在短暫的 2-4 秒左右的拍攝長度，能夠珍藏生活中每個有趣又驚喜的剎那時刻。只要有移動的動作，透過 BOOMERANG 就能製作迷你影片。

切換到「BOOMERANG」模式，按下拍照鈕就會看到按鈕外圍有彩色線條進行運轉，運轉一圈代表計時完畢，小影片也就拍攝完成。

另外，如果選擇「超級變焦」模式，當按下拍照鈕進行拍照時，畫面就會自動移動並放大範圍。進行變焦的過程中，還可以選擇加入愛心、狗仔隊、火熱、拒絕、悲傷、驚奇、戲劇化、彈跳…等效果。

1. 由此加入愛心、狗仔隊、火熱…等各種效果

2. 按下拍照鈕，就會自動進行變焦放大的錄製

3. 火熱的狂賀影片出爐囉

藉由這些功能，配合當時的情境或心情，即可快速做出有趣又吸引目光的小影片，如下所示為加入「不!!!」、「驚悚」、「電視節目」的效果畫面。

★「不!!!」效果　　　★「驚悚」效果　　　★「電視節目」效果

創意百分百的編修技法

為了拍出一張邀讚的 Instagram 好照片，是不是總讓你費盡心思？你不是攝影高手，卻又擔心圖像不夠漂亮很難讓粉絲動心？接下來就要學習相片的創意編修功能，透過圖片串聯粉絲，快速建立起一個個色彩鮮明的品牌社群，讓每個精彩畫面都能與好友或他人分享。

相片縮放 / 裁切功能

除了由「首頁」 的左上角按下「相機」 鈕開始分享相片和影片外，也可以利用下方的「分享拍照」 ⊕ ，進行相片 / 影片的編修與人物標記。

點選 ⊕ 後可在視窗下方的「圖庫」選取曾經拍攝的相片 / 影片，或是立即進行「相片」拍照。選取相片後可按下左下角的 鈕對相片進行縮放或剪裁。

1. 按此鈕，動動手指調整相片的比例位置

2. 瞧！細部更清楚了

由「圖庫」選取現有相片，或是按「相片」進行拍照

😊 調整相片色彩明暗

Instagram 有非常強大的濾鏡功能，使它快速竄紅成為近幾年的人氣社群平台。對於分享的相片，你可以加入濾鏡效果，或按下「編輯」鈕進行調整，如右下圖所示。

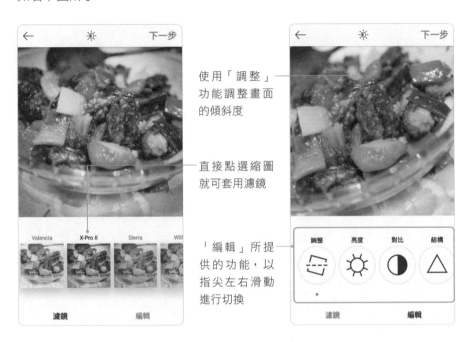

使用「調整」功能調整畫面的傾斜度

直接點選縮圖就可套用濾鏡

「編輯」所提供的功能，以指尖左右滑動進行切換

「編輯」所提供的各項功能，基本上是透過滑桿進行調整，滿意變更的效果則按下「完成」鈕確定變更即可。

🗺 一次到位的影片拍攝基本功

在這個講究視覺體驗的年代，影片是更容易吸引用戶重視的呈現方式，大家都喜歡看有趣的影片，影音視覺呈現更能有效吸引大眾的眼球，比起文字與圖片，透過影片的傳播更能完整傳遞商品資訊。Instagram 除了拍攝相片外，錄製影片也是輕而易舉之事。你可以使用「相機」📷 或「新增」⊕ 來拍攝影片。

「新增」影片畫面

影片須在幾秒內就能吸睛，其所營造的臨場感及真實性確實更勝於文字與圖片，只要影片夠吸引人，就可能在短時間內衝出高點閱率。故在拍攝影片時，影片開頭或預設畫面就要具有吸引力且主題明確，尤其是前 3 秒鐘最好能將訴求重點強調出來，才能讓觀看者快速了解影片所要傳遞的訊息，方便網友「轉寄」或「分享」給社群中的其他朋友。

點選「新增」⊕鈕來錄製影片時，只要調整好畫面構圖，按下圓形按鈕就會開始錄影。

一按即錄

若將「相機」⃝功能底端切換到「一按即錄」鈕，那麼使用者只要在剛開始錄影時按一下圓形按鈕，接著就可以專心拿穩相機拍攝畫面，或是在錄製過程中也可以透過手指縮放畫面，直到結束時冉按下按鈕即可，而每段影片的時間也是以繞圓周一圈為限。

此功能不用一直按著按鈕進行錄影，是拍攝的最佳夥伴

👥 IG 直播祕技

Instagram 和 Facebook 一樣，也有提供直播的功能，IG 的「直播」功能和 FB 略有不同，它可以在下方留言或加愛心圖示，也會顯示有多少人看過，但是其直播內容並不會變成影片，而且會完全的消失。當你在「相機」📷 功能底端選用「直播」，只要按下「開始直播」鈕，系統就會通知粉絲，以免他們錯過你的直播內容。

1. 按下「相機」鈕

3. 按此鈕開始直播

2. 切換到「直播」選項

當你的追蹤對象分享直播時，可以從他們的大頭貼照看到彩色的圓框，以及 Live 或開播的字眼，按點大頭貼照即看到直播視訊。

你的追蹤對象如有開直播，可從其大頭貼看到彩虹圓框以及 Live 字眼，若在限時動態中分享直播視訊，則會顯示播放按鈕

很多廠商經常將舉辦的商品活動和商品使用技巧,以直播的方式來活絡商品與粉絲的關係。粉絲觀看直播視訊時,可在下方的「傳送訊息」欄中輸入訊息,也可以按下愛心鈕對影片説讚。

觀賞者可在「傳送訊息」欄上輸入訊息或加入表情符號

直播影片時,用戶留言都會在此顯現

顯示按讚的情況

攝錄達人的吸睛方程式

Instagram 是個獨特又迷人的社群,不僅啟發了品牌的行銷和攝影技術,還能加速帶動趨勢的流行,想要使用 IG 進行相片拍攝或錄影,一切細節都很重要,想要對品牌/商品進行宣傳,那麼基本的攝錄影技巧不可不知,只要用心構圖讓畫面呈現不同於以往的視覺感受,則拍出來的相片就成功了一半。當各位拿起手機進行拍攝時,事實上就是模擬眼睛在觀看世界,所以認真觀察體驗,用心取景構圖,以自己的眼睛替代觀眾的雙眼,真實誠懇的傳達理念或想法,才能讓拍攝的相片與觀看者產生共鳴,進而在短時間內抓住觀看者的目光。

🐸 掌鏡平穩的訣竅

要拍出好的影片，最基本的功夫就是要「平順穩定」。雙腳張開與肩膀同寬，才能在長時間站立的情況下，維持腳步的穩定性。手持手機拍攝時，儘量將手肘靠緊身體，讓身體成為手機的穩固支撐點，摒住呼吸不動以維持短時間的平穩拍攝。

觀景窗距離眼睛遠，手肘沒有依靠，單手持手機拍攝，都是造成視訊影像模糊的元兇

環境許可的話，請盡量尋找可以幫助穩定的輔助物，譬如在室內拍攝時，可利用椅背或是桌沿來支撐雙肘；在戶外拍攝，則矮牆、大石頭、欄杆、車門…等，就變成最佳的支撐物。善用周邊的輔助工具，可讓雙肘有所依靠。若是進行運鏡處理時，則建議使用腳架來輔助取景，以方便做平移或變焦特寫的處理。

利用周遭環境的輔助物做支撐，可增加拍攝的穩定度

例如經常在 Instagram 上看到許多的精緻的美食照，大都是採用「平拍」手法。所謂「平拍」是將拍攝主題物放在自然光充足的窗戶附近，採用較大面積的桌面擺放主題，並留意主題物與各裝飾元素之間的擺放位置，透過巧思和謹慎的構圖，再將手機水平放在拍攝物的上方進行拍攝。由於拍攝物與相

機完全呈現水平，沒有一點傾斜度，故稱為「平拍法」。這種拍攝的方式安全而且失誤率低，各位一定要使用看看。

「平拍手法」不一定得在平面的桌面上進行拍攝，只要主體物和相機是採水平方式即能產生不錯的畫面效果，如下圖所示：

此外色彩是影響視覺體驗很大的要素，如果是拍攝餐點、糕餅、點心等美食或商品，除了善用現場的自然光線外，記得要重視擺盤，讓畫面看起來精緻可口且色彩繽紛，並善用道具點綴，像是花瓶、眼鏡、雜誌、筆電…等，營造出意境或美好的氛圍。

📷 菜鳥必學的採光技巧

攝影的光源有「自然光源」與「人工光源」兩種，自然光源指的就是太陽光，是拍攝時最常使用的光源，同樣的場景會因為季節、天候、時間、地點、角度的不同而呈現迥異的風貌，每次拍攝都能拍出不同感覺的照片。這些生活中細微的光源變化，左右了每一張照片的成敗。像是日出日落時，被射物體會偏向紅黃色調，白天則偏向藍色調，晴天拍攝則物體的反差較強烈，陰天則變得柔和。

⭐ 陰影除了增加立體感外，也能產生戲劇化的效果

光源位置不同會影響到畫面的拍攝效果，光線均勻可以拍出很多細節，如果被拍攝物體正對著太陽光，這種「順光」拍攝出來的物體會更清楚鮮豔，但是立體感較弱。如果光線從斜角的方向照過來，則會因為陰影的加入而讓主題人物變得更立體。

若是在正午時分拍攝主題人物，由於光源位在被攝物的頂端，容易在人像的鼻下、眼眶、下巴處形成濃黑的陰影。「逆光」則是由被拍攝物的後方照射而來的光線，若是背景不夠暗，反而會造成主題變暗。

⭐ 逆光攝影會讓主體的輪廓線更鮮明，易形成剪影的效果

很多的風景畫面若是探求光線的變化,往往會讓習以為常的景緻展現出特別的風味。另外,線條的走向具有引領觀賞者進入畫面的作用,所以在按下快門之前,不妨多多嘗試各種取景角度,不管是高舉相機或是貼近地面,都有可能創造出嶄新的視野和景象。

⭐ 對比變化

⭐ 弧線變化

⭐ 線條 / 色彩變化

⭐ 色彩變化

😊 多重視角的集客點子

雖然使用的工具是手機,拍攝的是日常生活中的事物,一般人在拍攝時都習慣以站立之姿進行拍攝,這種水平視角的拍攝手法,導致畫面平凡而沒有亮點。但 Instagram 的圖片代表著品牌的形象,人們會被特殊的視角吸引,因此分享的東西應該要有自己的風格。建議不妨採用與平常不同的角度來看世界,運用多重視角創造多樣視覺構圖,諸如:坐於地上,以膝蓋穩住機身;或是單腳跪立,以手肘撐在膝蓋上;或是全身躺下,只用兩手肘支撐在地上。這樣的拍攝方式,不但可以穩住機身,拿穩鏡頭,仰角、俯角也能帶給觀賞者全新的視覺感受,特別是拍攝高聳的主題人物,也會更具有氣勢。

⭐ 採用低姿勢拍攝，視覺感受的新鮮度會優於站姿

在拍攝影片時，最好一次只拍攝一個主題，不要企圖一鏡到底，另外，鏡頭由一個點橫移到另一點，或是攝影鏡頭隨著人物主題的移動而跟著移動等方式，也可以表現出動感和空間效果，盡可能善用各種鏡頭或角度來表現主題，例如要展現一個展覽或表演活動，可以先針對展覽廳的外觀環境做概述，接著描寫展覽廳的細節、表演的內容、參觀的群眾，最後加入自己的觀感…等等。

在 Instagram 裡運用「新增」⊕ 鈕來錄製影片，正好可以表現如上述的多片段畫面，只要預先構思好要拍攝的片段，就能胸有成足竹的利用「新增」⊕鈕來輕鬆達標。如果沒有預先計畫，企圖從外到內一鏡完成，這樣拍攝出來的效果一定讓人看得頭昏眼花。

🌐 打造相片排版魅惑集客力

想要不花大錢，讓小品牌也能痛快做行銷，那麼以 Instagram 進行年輕族群的行銷，就不得不對影音 / 圖片的行銷技巧有所了解，讓使用者可以更輕鬆地「看圖說故事」，利用不同圖片風格來吸引用戶眼球，進而從中將藝術和市場行銷學進行結合，傳遞顧客最真實與享受的情緒，對品牌產生一定的影響性。

⭐ 星巴克經常在 IG 上推出促銷的美麗圖片

相片拼貼與組合

如果想要將多張相片拼貼與組合在一張畫面上，利用「新增」⊕所提供的「組合相片」最適合不過了，但必須先下載「Layout from Instagram」App，它的特點是可以製作有趣又獨一無二的版面佈局，使用者可以拖曳相片來交換位置、使用把手調整相片的比例大小，還能利用鏡像和翻轉功能來創造混搭效果，這是個相當實用的軟體，讓用戶在操作過程順暢而無負擔。

尚未使用過「組合相片」功能者，這裡將告訴你如何從安裝軟體到實際完成相片組合的方式。請由 Instagram 底端按下⊕鈕，切換到「圖庫」標籤，並由圖庫中先選取一張相片，接著按下 ⊞ 鈕準備下載「Layout from Instagram」App。

2. 按此鈕切換到版面佈局

1. 點選要使用的相片

3. 首次會出現此視窗，按「下載 LAYOUT」鈕

Instagram 會自動帶領各位到 App Store 或 Google Play，並顯示版面配置的 App，請按下「安裝」鈕安裝程式後，緊接著會看到 5 個頁面介紹如何使用版面佈局，瀏覽後按下灰色的「開始使用」鈕，即可進行版面的佈局。

安裝「Layout from Instagram」App

安裝完成按此鈕開始使用

請從下方的圖庫中點選要使用的相片,接著由上方選擇屬意的版面進行套用。套用版面後若要變更相片,只要點選相片,按下「取代」鈕就可以重新選取相片。點選版面中的相片,當出現藍色的框框時可進行相片的縮放,或透過下方的「鏡像」鈕或「翻轉」鈕調換相片構圖。

2. Instagram 提供多種版面,點選要套用的版面

1. 點選要使用的相片

相片左右對換

相片上下對換

想要為版面加入邊框線做分隔也沒問題，按下「邊框」鈕就會自動加入白色線條，編輯完成後，按「下一步」鈕將可使用「濾鏡」與「編輯」功能編輯版面。如右下圖所示，使用「調整」功能旋轉版面，讓版面變傾斜看起來就變活潑有動感，編輯完成按「下一步」鈕就可進行分享。

按此鈕進行分享

使用「調整」功能可讓版面變傾斜

按此鈕可加入白色分隔線條

多重影像重疊

拍攝產品也可以讓多張相片重疊組合在一個畫面上。利用 Instagram 的「相機」🅾 功能也可以拍出多重影像重疊的畫面效果喔，使用方式很簡單，請在「首頁」🏠 點選「相機」🅾 功能，這時可以選擇拍攝眼前的景物或自拍，也可以從圖庫中找到儲存過的畫面。拍照或選取相片後，在相片上方按下「插圖」😃 鈕，出現如右下圖的選項時請點選「相機」圖示，接著顯示前鏡頭再進行自拍。

2. 按此鈕顯示插圖

1. 由圖庫中選取要使用的畫面

3. 選取相機圖示後，可進行前景畫面的拍攝

前鏡頭提供三種不同模式，包含圓形白框效果、柔邊效果、以及白色方框效果，以手指按點前鏡頭就會自動做切換。調整好位置，按下前鏡頭下方的白色圓鈕即可快照相片。拍攝後還可進行大小或位置的調整，也可以旋轉方向，拍攝不滿意則可拖曳至下方的垃圾桶進行刪除。透過此方式來發揮創意，盡情地將商品融入生活相片之中。

點選前鏡頭可切換圓形 / 方形 / 柔邊三種模式

按下白色圓鈕進行拍照

依序點選「相機」圖示加入多個前景畫面

 可愛風相片

當使用「相機」 📷 功能進行拍照或選取圖庫相片時，在螢幕頂端看到如下圖的幾個按鈕：

捨棄拍照　更多選項　插圖　塗鴉　文字

儲存在圖庫中

點選「插圖」 😃 鈕會在相片上跳出如下圖的設定窗，可以使用指尖左右切換頁面，也可以上下滑動瀏覽各式各樣的可愛插圖，不管是眼鏡、帽飾、表情圖案、手指圖案、動物、愛心、蔬果、點心…等一應俱全。

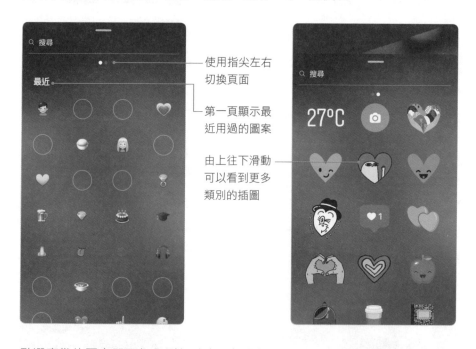

使用指尖左右切換頁面

第一頁顯示最近用過的圖案

由上往下滑動可以看到更多類別的插圖

點選喜歡的圖案即可加入到相片上，插圖插入後，以大拇指和食指尖往內外滑動，可調動插圖的比例或進行旋轉。如果不滿意所選的插圖，拖曳圖案時會看到下方有個垃圾桶，直接將圖案拖曳到垃圾桶中即可刪除。利用這些小插圖，就可以輕鬆將同一張相片裝扮出各種造型。

同一張相片經過不同的裝飾插圖，也能變化出多種造型

超猛塗鴉文字特效

在相片中加入一些強調性的文字或關鍵字，讓觀看者可以快速抓到貼文者要表達的重點，既符合年輕人的新鮮感，也跟得上時尚潮流。如下所示，使用塗鴉方式或手寫字體來表達商品的特點，是不是覺得更有親切感！多看幾眼就在不知不覺中將商品特色看完了！

☺ 圖片加入塗鴉文字的說明，讓觀看者快速抓住重點

還可以在相片上寫字畫圖，把相片中美食的特點淋漓盡致地說出來，以吸引
用戶的注意，這種行銷手法在 Instagram 相片中經常看得到。

當你使用「相機」📷功能取得相片後，按下「塗鴉」🖊鈕即可隨意畫畫。
視窗上方有各種筆觸效果，不管是尖筆、扁平筆、粉筆、暈染筆觸都可以選
用，畫錯的地方還有橡皮擦的功能可以擦除。

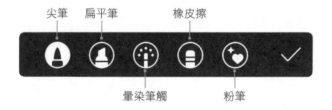

視窗下方有色彩可供挑選，萬一不喜歡預設的顏色，則請長按圓形色塊，就
會出現色彩光譜得以自行挑選顏色。文字大小或筆畫粗細是在左側做控制，
以指尖上下滑動即可調整。

提供的各種 ── 筆觸

拖曳左側邊界
的圓形滑鈕可
控制畫筆粗細

長按色塊會變
成光譜，可自
行調配顏色

下方色塊可選
擇文字或畫筆
色彩

「文字」工具

上圖所顯示的塗鴉文字是直接用手指指尖所書寫的文字，看起來會比較粗曠些，如果想要有較細緻的筆觸，可以另外購買觸控筆，目前的觸控筆已能支援多種裝置，觸控書寫 2 合 1，且筆頭僅 0.25 cm，精準可靠，如果經常在手機上畫圖、做筆記、或書寫，不妨考慮使用觸控筆，讓觸控筆畫出完美的線條和寫出漂亮的文字。另外，按下「文字」 **Aa** 鈕可以加入電腦輸入的文字，強調所要推銷的重點，完成圖片輕鬆抓住用戶的眼睛。

使用「文字」工具 ── 加入要行銷的文字

FB+IG+LINE 社群媒體操作經營活用術

立體文字效果

這裡所謂的「立體文字」事實上是仿立體字的效果。只要輸入兩組相同的文字，再將另一組文字（黑色）放在底層，並將兩組字作些許的位移，就可以以看起來像立體字一樣。

1. 輸入文字後，再複製一組相同的字

2. 將兩組字重疊後，再作些許的位移就搞定了

擦出相片的引爆亮點

有時相片中的內容物太多，不容易將想要強調的重點商品表現出來，此時不妨試試下面的擦除技巧。如左下圖所示，畫面中擺放了多種的酒類，當調整好位置後，請按下「塗鴉」 鈕，接著從下方的色塊中選定要使用的色彩，再以手指長按畫面，隨即畫面就會塗上一層所設定的色彩，如下圖所示。

1. 按「塗鴉」
   鈕

3. 以手指長按
   螢幕，就會
   將綠色填滿
   整個畫面

2. 選定要使用
   的色彩（綠
   色）

接下來選用「橡皮擦」 工具，調整筆刷大小後，再擦除掉重點商品的位置，最後加入強調的標題文字，就能將主商品清楚表達出來。

1. 選用「橡皮
   擦」工具

4. 加入強調的
   標題文字

2. 由此調整筆
   刷大小

3. 擦除重點商
   品的主要部
   分

最新上市商品

善用相簿展現商品風貌

Instagram 在分享貼文時，允許用戶一次發佈十張相片或十個短片，這麼好的功能商家千萬別錯過，利用這項功能可以把商品的各種風貌與特點展示出來。如下圖所示，同一款衣服展示不同的色彩、衣服的細節、衣服的質感⋯等等，以多張相片表達商品比單張相片更有說服力。

在影片部分，可以故事情境來做商品介紹，甚至進行教學課程，像是販賣圍巾可以教授圍巾的打法；販賣衣服可介紹穿搭方式，以此吸引更多人來觀看或分享，不但利他也利己，達到雙贏的局面。

📷 標示時間 / 地點 / 主題標籤

在「相機」功能中點選「插圖」 🙂 鈕後，會在第二個頁面看到如左下圖的選項，點選「地點」、「#主題標籤」、和時間三個按鈕，就可以在畫面中標示出時間、地點、與主題標籤。加入後自行調整要放置的位置、比例大小、角度，按點標籤還會自動變更色彩與樣式。

在相片中加入主題標籤和地點是一個不錯的行銷手法，因為當其他用戶們的視覺被精緻美麗的相片吸引後，下一步便會想知道相片中的地點或主題來加深印象。社群行銷成功關鍵字不在「社群」而是「連結」，讓有相同愛好的人快速分享訊息，也增加了產品的曝光機會。

另外，也可以在相片中將自己的用戶名稱標註上去，任何瀏覽者只要點選該標籤，就能隨時連結到你的帳號去查看其他商品。

⭐ 按點灰色標籤，就可以連結到該用戶

至於「主題標籤」是一種只要在字句前加上 #，就會關連公開的內容，我們可以把它視為標記「事件」。現在已有許多人採用相互標籤的方式來增加被瀏覽的機會，也就是在圖片中加入其他人的標籤，當瀏覽者點閱相片時，會同時出現如下圖所示的標籤，增加彼此間的被點閱率。

要在相片中加入用戶標籤的方式是，點選「新增」⊕頁面進行拍照後，在最後「分享」畫面中點選「標註人名」，再將自己或他人的用戶名稱輸入進去就完成了！

地表最強的標籤與
限時動態拉客錦囊

▶ hashtag 的黃金行銷課

▶ 超暖心的限時動態功能

標籤（hashtag）是目前社群網路上相當流行的行銷工具，已經成為品牌行銷重要一環，利用時下熱門的關鍵字，並以 hashtag 方式提高曝光率。透過標籤功能，所有用戶都可以搜尋到你的貼文，你也可以透過主題標籤找尋感興趣的內容。目前許多企業也認知到標籤的重要性，紛紛運用標籤來進行宣傳，使 hashtag 成為行社群行銷的新寵兒。

⭐ Instagram、Facebook 都有提供 hashtag 功能

對品牌行銷而言，「限時動態」已經成為品牌溝通重要的管道，此功能會將所設定的貼文內容於 24 小時之後自動消失。此功能相當受到年輕世代的喜愛，它讓用戶以動態方式來分享創意影像，正因為是 24 小時閱後即焚的動態模式讓用戶更想觀看，很多品牌都會利用限時動態發布許多趣味且話題性十足的內容來創造關注或新商機，相較於永久呈現在動態時報的洗版照片或影片，年輕人更喜歡分享稍縱即逝的動態。

⊗ Disney 的限時動態經常發布許多演員參加首映時最新花絮

hashtag 的黃金行銷課

主題標籤是全世界 Instagram 用戶的共通語言，一個響亮有趣的 slogan 很適合運用在 IG 的主題標籤上，只需要勾起消費者點擊的好奇心，在搜尋時就能看到更多相關圖片，透過貼文搜尋及串連功能，迅速與全世界各地網友交流，進而增進對品牌的好感度。

⊗ 貼文中加入與商品有關的主題標籤，可增加被搜尋的機會

當我們要開始設定主題標籤時，通常是先輸入「#」號，再加入要標籤的關鍵字，要注意的是，關鍵字之間不能有空格或是特殊字元，否則會被分隔。如果有兩個以上的標籤，就先空一格後再標記第二個標籤。如下所示：

#油漆式速記法 #單字速記 #學測指考

貼文中所加入的標籤，當然要和行銷的商品或地域有關，除了中文字讓華人都查看得到外，也可以加入英文、日文等翻譯文字，這樣其他國家的用戶也有機會查看到你的貼文或相片。不過 Instagram 貼文標籤也有數量的限定，超過額度的話將無法發佈貼文喔！

相片 / 影片中加入主題標籤

很多人知道要在貼文中加入主題標籤，卻不知好好的將主題標籤也應用到相片 / 影片上，相當地可惜。當相片 / 影片上加入主題標籤後，觀看者按點該主題標籤時，會出現如左下圖的「查看主題標籤」，點選之後 Instagram 就會直接到搜尋頁面，並顯示出相關的貼文。

2. 按點「查看主題標籤」後，會顯示和標籤有關的所有貼文

1. 選「#好友分享日」會出現上方的「查看主題標籤」

除了必用的「#主題標籤」外，商家也可以在相片上做地理位置標註、標註自己的用戶名稱，甚至加入同行者的名稱標註，增加更多曝光的機會讓粉絲變多多。

提及其他用戶名稱

加入地點標註

創造專屬的主題標籤

針對行銷的的內容，企業也可以創造專屬的主題標籤。例如星巴克（Starbucks）在行銷界算是十分出名的，雖然已是世界知名的連鎖企業，但每當推出季節性的新飲品時，除了試喝活動外，也會推出馬克杯和保溫杯等新商品，所以世界各地都有它的粉絲蒐集 Starbucks 的各款商品。

Starbucks 在 Instagram 的經營和行銷方面十分用心，消費者只要將新飲品上傳到 IG，並在內文中加入指定的主題標籤，就有機會抽禮物卡，所以每次舉辦活動時，就有上千張的相片是由消費者上傳的，這些相片自然而然成為星巴克的最佳廣告，像是「#星巴克買一送一」或「#星巴克櫻花杯」等活動主題標語便是最好的行銷。

⭐ 搜尋該主題可以看到數千則的貼文,貼文數量越多就表示使用這個字詞的人數越多

這樣的行銷手法,讓粉絲們不僅主動上傳星巴克飲品的相片,粉絲們的追蹤者也會看到相關資訊,宣傳效果如樹狀般的擴散,一傳十,十傳百,速度快而顯著,且不需要耗費太多的廣告成本,即可得到消費者的廣大的回響。下圖為星巴克推出的「星想餐」,不但在限時動態的圖片中直接加入「星想餐」的主題標籤,也在貼文中加入這個專屬的主題標籤。

限時動態中加入星巴克專屬的主題標籤 - 星想餐

貼文之中也加入星巴克專屬的主題標籤

📷 精準運用更多的標籤

在運用主題標籤時,除了要和自家行銷的
商品有關外,各位也可以上網查詢一下熱
門標籤的排行榜,了解多數粉絲關注的焦
點,再依照自家商品特點加入適合的標籤或
主題關鍵字,這樣就有更多的機會被其他
人關注到。不過千萬不要隨便濫用標籤,
例如「#吃貨」這個主題標籤的貼文就多達
694K,要在這麼多的貼文當中看到你的貼文
著實不容易;或是放入與產品完全不相干的
主題標籤,除了在所有貼文中顯得突兀外,
也會讓其他用戶產生反感。

主題標籤的用意不是為了觸及更多的觀眾,
而是為了觸及目標觀眾。雖然 Instagram 每
則貼文最多可以使用 30 個主題標籤,但建
議還是要謹慎地使用合適的主題標籤。剛開

⭐ 主題標籤的設定大有學問,
多多研究他人 tag 標籤,可
以給你很多的靈感

始使用 IG 時,如果不太曉得該如何設定自己的主題標籤,請先多多研究同
類型的對手使用哪些標籤,再慢慢找出屬於自己的主題標籤。

📷 不可不知的熱門標籤字

在 Instagram 的貼文中,有些標籤代表著特別的含意,搞懂標籤的含意就
可以更深入 IG 社群。由於主題標籤的文字之間不能有空格或是特殊字元,
否則會被分隔,所以很多與日常生活有關的標籤字,大都是詞句的縮寫。
還有用戶之間期望相互支持按讚,增加曝光機會的標籤…等,都可以了解
一下,只要不要過度濫用,例如:#followme 的標籤就因為有被檢舉未符合
Instagram 社群守則,所以 #followme 的最新貼文都已被隱藏。

- **#likeforlike 或是 #like4like**：表示「幫我按讚，我也會按你讚」，透過相互支持，推高彼此的曝光率。

- **#tflers**：表示「幫我按讚（Tag For Likers）」。

- **#followforfollow 或 f4f**：表示「互讚互粉」。

- **#bff**：Best Friend Forever，表示「一輩子的好朋友」，上傳好友相片時可以加入此標籤。

- **#Photooftheday**：表示「分享當日拍攝的照片」或是「用手機記錄生活」。

- **#Selfie**：Self-Portrait Photograph，表示「自拍」。

- **#Shoefie**：將 Shoe 和 Selfie 兩個合併成新標籤，表示「將當天所穿著的美美鞋子自拍下來」。

- **#OutfitLayout**：Outfit Layout 是將整套衣服平放著拍照，而非穿在身上。不喜歡自己真實面貌曝光的用戶多會採用此方式拍照服裝。

- **#Twinsie**：表示像雙胞胎一樣，同款或同系列的穿搭。

- **#ootd**：Outfit of the Day，表示當天所穿著的記錄，用以分享美美的穿搭。

- **#Ootn**：outfit of the Night，表示當晚外出所穿著的記錄。

- **#FromWhereIStand**：From Where I Stand，表示從自己所站的位置，然後從上往下拍照。可拍攝當日的衣著服飾，使上身衣服、下身裙／褲、手提包、鞋子等都入鏡。也可以從上往下拍攝手拿飲料、美食的畫面。

- **#TBT**：Throwback Thursday，表示在星期四放上數十年前或小時候的的舊照。

- **#WCW**：Woman Crush Wednesday，表示「在星期三上傳自己心儀女生或女星的相片欣賞」。

- **#yolo**：You Only Live Once，表示「人生只有一次」，代表做了瘋狂的事或難忘的事。

上網查詢一下熱門標籤的排行榜，了解多數粉絲關注的焦點，再依照自家商品特點加入適合的標籤或主題關鍵字，以便有更多的機會被其他人關注到。目前 Android 手機或 iPhone 手機都有類似的 hashtag 管理 App，不妨自行搜尋並試用看看，把常用的標籤用語直接複製到自己的貼文中，就不用手動輸入一大串的標籤。

Google Play 中有各種 hashtag 管理的 App 可以試用

應用主題標籤辦活動

商家可以針對特定主題設計一個別出心裁而具特色的標籤，只要消費者標註標籤，就提供折價券或進行抽獎。對商家來說成本低而且效果佳；對消費者來說可得到折價券或贈品，這種雙贏的策略應該多多運用。如下所示是「森林小熊曲奇餅」的抽獎活動與抽獎辦法，參與抽獎活動的就有 1800 多筆。

活動辦法中也要求參加者標註自己的親朋好友,這樣還可將商品延伸到其他的潛在客戶。不過在活動結束後,記得將抽獎結果公布在社群上以昭公信。企業若舉辦行銷活動並制定專屬 hashtag,就要盡量讓 hashtag 和該活動緊密相關,採用簡單字詞、片語來描述,透過 hashtag 標記的主題,匯聚瀏覽人潮,不過最有效的主題標籤是一到二個,數量過多會降低貼文的吸引力。

超暖心的限時動態功能

想要發佈自己的「限時動態」,請在首頁上方找到個人的圓形大頭貼,按下「你的限時動態」鈕或是按下「相機」⚪鈕就能進入相機狀態,選擇照相或是直接找尋相片來進行分享。

按此鈕進行拍照→

尚未做過限時動態的發表可按此大頭貼,有發佈過限時動態,則可以按此鈕觀看已發佈的限時動態

進入相機狀態後，想要有趣又有創意的特效可在拍照鈕右側進行選擇，再根據它的提示進行互動，按下白色的圓形按鈕即可進行拍攝，拍攝完成後，按下「限時動態」就會發布出去，或是按下「摯友」傳送給好朋友分享。

2. 按此鈕進行
   影片拍攝

1. 由此選擇有
   各種人臉辨
   識互動的玩
   法，並選取
   要套用的效
   果

3. 選擇分享的
   方式

立馬享受限時動態

限時動態目前提供文字、直播、一般、迴力鏢（Boomerang）、超級聚焦、倒轉、一按即錄等功能，當編輯好限時動態的內容後，按下頁面左下角的「限時動態」鈕，畫面即會顯示在首頁的限時動態欄位。

編輯完成的畫面，按下「限時動態」鈕就可傳送出去

隨時放送的「限時動態」最大好處就是讓用戶看見與自己最相關的內容，包括發表貼文、圖片、影片或開啟直播視訊，讓所有的追蹤者得知你的訊息或是想傳達的理念。

這裡可以看到帳號與倒數的時間

限時動態可以透過一連串的相片 / 影片串接而成呦

這裡可以直接傳送訊息

商家面對 Instagram 的高曝光機會，更該善用「限時動態」的功能，為品牌或商品增加宣傳的機會，擬定最佳的行銷方式，在短暫幾秒內迅速抓住追蹤者的目光。由於拍攝的相片 / 影片都是可以運用的素材，加上 IG 允許用戶在限時動態中加入文字或塗鴉線條，也提供插圖功能並可加入主題標籤、提及用戶名稱、地點、票選活動⋯等物件，甚至還提供導購機制，讓商家可以運用各種創意手法來進行商品的行銷。如下所示，便是各位經常在限時動態中常看到的效果，接下來探討如何運用限時動態來創造商機，讓你掌握行銷先機，搶先跟上時尚潮流。

使用編排的畫面也沒問題　　相片加入文字說明與塗鴉線條

企業商家可加入導購機制　　　　　　　　影片中提及商家的資訊

限時訊息悄悄傳

Instagram 除了「限時動態」功能廣受大家青睞外，還有一項「Direct」限時訊息悄悄傳的功能，也十分受到注目。此功能可以悄悄和特定朋友分享限時的相片 / 影片，當朋友悄悄傳送相片或影片給你，就能在「悄悄傳」部分查看內容或回覆對方，不過悄悄傳每次傳送的內容最多只可以觀看 2 次，且超過 24 小時後即自動刪除、無法再被觀看，也無法儲存照片。由於很多人習慣在任何時間與他人分享照片或影片，但同時又希望保有隱私性，「悄悄傳」功能既可滿足用戶的需求，也帶來更有趣且具創意的體驗。

想要使用「Direct」功能，請由「首頁」🏠 的右上角按下 ✈ 鈕，進入「Direct」頁面後找到想要傳送的對象，按下後方的相機 ◎ 就能啟動拍照的功能，或是切換到「文字」進行訊息的輸入。

1. 按此鈕啟動限時悄悄傳功能

2. 找到要傳送訊息的對象後，在後方按下相機鈕

4. 找到要傳送的圖片

5. 完成時按此鈕進行傳送

3. 選擇允許播放或是查看一次

「限時訊息悄悄傳」的功能僅能傳送給部分朋友，而非直接發表在限時動態當中讓所有朋友觀看。當對方收到訊息後可以直接進行回覆並回傳訊息給傳送者。

訊息悄悄傳後，可直接點選用戶名稱查看傳送的內容，也可以按點此處進行聊天

插入動態插圖

Instagram 的「限時動態」也可以由一連串的相片／影片所組成，利用「插圖」🗨️ 鈕可在相片／影片中添加各種插圖，不管是靜態或動態的插圖都沒問

題，而按下「GIF」鈕可到 GIPHY 進行動態貼圖的搜尋，成千上萬的動態貼圖任君挑選使用，不用為了製作素材而大傷腦筋。

按此鈕進行動態貼圖的搜尋

「插圖」功能除了精緻小巧的貼圖可添加限時動態的趣味性外，運用「主題標籤」和「@提及」功能，都能讓觀賞者看到商家的主題名稱與用戶資訊，也能讓整個畫面看起來更有層次感，增添畫面的樂趣，貼文更生動。

⭐ 插入動態貼圖讓拍攝的影片增添層次感和豐富度

商家資訊或外部購物商城

在限時動態中，商家可以輕鬆將商家資訊加入，運用「@提及」讓瀏覽者可以快速連結至該用戶。加入 hashtag 可進行主題標籤的推廣，另外 Instagram 也開放廣告用戶在限時動態中嵌入網站連結的功能，讓追蹤者在查看限時動態的同時，亦可輕按頁面下方的「查看更多」鈕，就能進入自訂的網站當中，自然引導用戶滑入連結，而導入的連結網站可以是購物網站或產品購買連結，以提升該網站的流量，增加商品被購買的機會。不過此功能只開放給企業帳號，並且需要擁有 10000 名以上的粉絲人數，個人帳號還不能使用喔！

加入主題標籤

提及用戶

導入外部連結，讓用戶直接前往購物商城消費

運用創意並適時導入商家資訊，讓企業品牌或活動主題增加曝光機會，以限時動態來推廣限時促銷的活動，除了帶動買氣外，「好康」機會不常有，反而會讓追蹤者更不會放過每次商家所推出的限時動態。

😊 合成相片 / 影片的巧思

使用「限時動態」的功能進行宣傳時，除了透過 Instagram 相機裡所提供的各項功能進行多層次的畫面編排外，也可以將拍攝好的相片 / 影片先利用「儲存在圖庫」⬇ 鈕存下來，以方便後製的處理編排，或透過其他軟體編排組合後再上傳到 IG 發佈，雖然步驟比較繁複，但是畫面可以更隨心所欲的安排，透過創意將要傳達訊息淋漓盡致地呈現出來。

😊 新增精選動態

想要精選限時動態的方式有兩種，第一種是在發佈限時動態後，從瀏覽畫面的右下角按下「精選」鈕，接著會出現「新的精選動態」，請輸入標題文字後按下「新增」鈕，就會將它保留在你「個人」檔案上，除非你進行刪除的動作。

1. 瀏覽限時動態時按下「精選」鈕

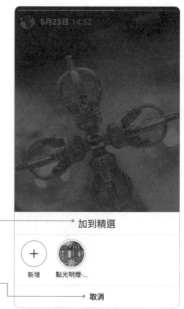

2. 由此輸入精選動態的標題

3. 按下「新增」鈕

第二種是在在「個人」頁面按下「新增」鈕，如左下圖所示，接著點選所需的限時動態畫面，按「下一步」鈕再輸入限時動態的標題，按下「完成」鈕即完成精選的動作，而所有精選的限時動態就會列於個人資料的下方。

3. 按「下一步」鈕再輸入標題

1. 按此鈕也可以新增精選限時動態

精選的限時動態保留在此

2. 選定精選的項目

📷 編輯精選動態封面

精選的限時動態顯示在個人資訊下方，當其他用戶透過搜尋或連結方式來到你的頁面時，訪客可以透過這些精選的內容來快速了解你，所以很多用戶也會特別設計精選動態的封面圖示，讓封面圖示呈現統一而專業的風格。如下二圖所示，左側以漸層底搭配白色文字呈現，而右側以白色底搭配簡單圖示呈現，看起來簡潔而清爽，你也可以設計不同的效果來展現你的精選動態。

⭐ 精選動態的封面圖示，顯示統一的風格

想要變更精選動態封面很簡單，首先是預先設計好圖案，再將圖片上傳到手機存放相片的地方備用。如果習慣使用手機，也可以直接從手機搜尋喜歡的背景材質，同時按手機的「電源」鍵和「HOME」鍵將材質擷取下來後，再從 Instagram 圖庫中叫出來加入文字和圖案，最後儲存在圖庫中就完成了。

備妥圖案後，請從個人頁面上長按要更換的精選動態封面，或是在觀看精選動態時按點右下角的「更多」鈕，即可在顯示的視窗中點選「編輯精選動態」指令，如下二圖所示：

點選「編輯精選動態」指令後,接著按下圓形圖示編輯封面,並按下右下圖中的圖片 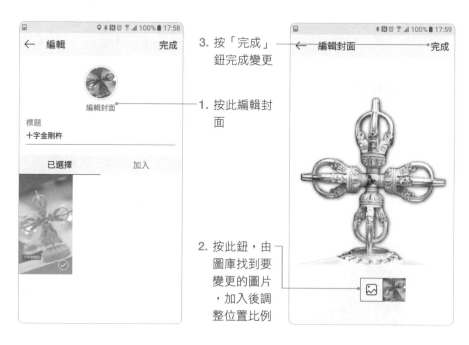 鈕,從圖庫中找到要替換的相片,調整好位置按下「完成」鈕即可完成變更動作。

3. 按「完成」鈕完成變更

1. 按此編輯封面

2. 按此鈕,由圖庫找到要變更的圖片,加入後調整位置比例

🏠 貼文新增到限時動態

經常玩 Instagram 的人可能看過如下的限時動態畫面，只要點選畫面，就會自動出現「查看貼文」的標籤，觀賞者按下「查看貼圖」鈕就可前往該貼文處瀏覽。透過此表現方式，讓用戶將受到大眾喜歡的貼文再度曝光一次。

提示觀賞者可以點選圖片

按點圖片會出現「查看貼文」標籤，點選標籤自動連接至該貼文

如何做出這樣的效果？請在「個人」頁面中切換到「格狀排序」，並找到想要使用的貼文。

2. 點選「格狀排序」

3. 按點要再發佈的貼文

1. 點選「個人」頁面

當選好要發佈到限時動態的貼文時，Instagram 會出現如左下圖的畫面，此時按下「分享」 ▽ 鈕會顯示右下圖的畫面，請選擇「將貼文新增到你的限時動態」指令。

這時按點畫面可決定用戶名稱要顯示在畫面的上方或下方 ，你也可以調整畫面的比例大小或加入其他的插圖、文字或塗鴉線條，最後按下左下角的「限時動態」鈕就完成設定動作。

也可以讓用戶名稱顯示於上方　　　　　　　　　可再加入其他物件
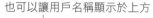

按點畫面可將用戶
名稱顯示於下方

可調整畫面比例大小

設定完成，檢視你的限時動態，只要按點畫面就能出現「查看貼文」的標籤囉！

MEMO

一次到位的
IG+FB 逆天行銷術

9

▶ 不藏私的店家必殺技

▶ FB 與 IG 結盟

社群行銷的本質和傳統行銷一樣，最終目的都是為了影響目標消費者（Target Audience），差別在於溝通工具的不同。Instagram 的崛起，代表用戶對於影像社群的興趣大幅提升，透過網路整合文字、聲音、影像與圖片，讓行銷的標的變得更生動與即時，特別是 Instagram 適合擁有實體環境展示空間的產品，且能在同一個畫面中顯示的品牌，尤其是經營與時尚、旅遊、餐飲等產業相關的品牌。

⊕ 有對照比較的畫面，消費者越能省力判斷，快速做出消費決策

🌐 不藏私的店家必殺技

從行動生活發跡的 Instagram（IG），就和時下的消費者一樣，具有活潑、變化迅速的特色，只要善用 Instagram 行銷贏家私房祕技並掌握用戶特性，你也能快速建立知名度，獲得更多的客源與支持度。

連結其他社群

將 Instagram 發佈的貼文也同步發佈到 Facebook、Twitter、Tumblr、Amerba、OK.ru 等社群網站，手機上只要在「設定」頁面中點選「帳號」，接著點選「已連結的帳號」，就會看到如左下圖的頁面，同時顯示已設定連結或尚未連結的社群網站。對於尚未連結的社群網站，只要具備該社群網站的帳戶和密碼，點選該社群後輸入帳號密碼，就能進行授權與連結的動作，這樣在做行銷推廣時，不但省時省力，也能讓更多人看到你的貼文內容。萬一不想再做連結，只要點選社群網站名稱，即可選取「取消連結」的動作。

顯示可做連結的社群網站，與已設定連結的網站，設定連結只要輸入該社群的帳號與密碼

指定要分享的粉絲專頁或個人頁面

從 Instagram 連結到其他社群網站後，即可進行偏好設定。以 Facebook 為例，當你完成與 FB 的連結，並點選該網站（如左上圖所示），就會進入「Facebook 選項」的頁面，如果有多個粉絲專頁，可以在此選擇要分享的個人檔案或粉絲專頁。另外在「偏好設定」部分，開啟「將限時動態分享到 Facebook」和「分享貼文到 Facebook」兩個選項，就能自動將相片／影片分享到 FB 囉！

👥 IG 的行動呼籲按鈕

刊登廣告的目的不外乎是希望增加客源，讓訂單數量可以攀升。所以通常在廣告中都會放置明顯的按鈕或連結，導引用戶完成某些特定的動作來換取更高的價值。例如「傳送訊息」、「立即安裝」、「瞭解詳情」、「瀏覽 Instagram 商業檔案」…等按鈕，都能讓商家透過此按鈕而收集到用戶名稱、電郵、電話…等資訊，以用於將來的行銷活動。

⭐ IG 的行動按鈕都擺放在相片 / 影片下方

👥 @建立交叉推廣

在 Instagram 上可以分享自己喜愛的東西，同時也可以透過標籤接收他人的訊息。所以進行自家商品行銷時，不妨與其他相關性產品進行相互的標籤，把追蹤自己的用戶也介紹給對方，增加雙方的知名度。如左下圖所示，當用戶按下「@Nutiva」就能連結到另一個食品及飲料公司。

運用 @ 與其他相關的帳號建立關係，也會影響到他們的粉絲群。當你分享一條與你的品牌相關的帳號或產品標籤，他們也會幫你分享。所以不管是文字貼文、限時動態、或回覆的貼文當中，都可以透過「@」和他人建立關係，讓瀏覽者有機會按點在 @ 的帳戶上而直接前往，這樣的交叉推廣可以帶來新的粉絲。另外也可以使用「標註人名」的方式來與其他用戶建立連結關係，如下圖所示：

貼文中的定價魔術

在貼文中進行商品行銷時，有時也會將商品定價一併列出。不過你知道定價的策略嗎？價格訂的低利潤就減少，訂得高就乏人問津，所以很多商家都會為了定價而傷透腦筋。例如百貨公司或超市最常使用的定價策略是尾數「9」。根據實驗結果，像是 49、199…等尾數為 9 的商品，其實際銷售量通常會比 50、200 等定價的商品提高約 25% 左右，雖然只差一塊錢，但是對消費者的心理感受就差很多。

誘導式的訂價策略

尾數為 9 的訂價策略廣泛被商家使用

有些商家會採用誘導式的定價策略。所謂的「誘導式定價」就如同上方例子，通常店家會列出三種組合，基於貪便宜的心理，大多數人會選擇第三種組合，選擇第一種組合的次之，而第二種組合通常不會有人選用。對顧客來說，選擇第三種方式讓顧客覺得賺到了，但對店家而言，任何一種組合都是賺，尤其第一種組合可能賺最多。

另外，商品的定價到底是「貴」還是「便宜」，有時是透過比較而來的。例如在高級餐廳中，每份主餐都要價 400 元以上，若是加購一杯飲料只要 80

元,相信很多人都會選擇加購,因為相較於 400 元,飲料相對便宜許多。但是相同的 80 元飲料在平價餐館中就顯得太貴。所以行銷商品之前,不妨多多觀察其他商家的定價策略,同時花點時間觀察顧客的消費心理,對於經營社群平台絕對有幫助。

👥 IGTV 行銷

除了利用相機的「直播」功能進行拍攝外,現在 Instagram 還提供「IGTV」功能,「IGTV」是一個嶄新的創作空間,可以透過更長的影片與觀眾互動,用來打造全螢幕直向影片,讓行動裝置呈現最佳的觀看效果。由於每個人都可以成為一個獨立的電視頻道,讓參與的粉絲擁有親臨現場的感覺,所以聰明的商家不妨使用 IGTV 來做行銷,享受瞬間出現的高流量與人氣。有建立 IGTV 頻道的用戶,其 IGTV 會顯示在個人頁面,能讓瀏覽者一次看個夠,所以透過 IGTV 來行銷重點商品,不失為簡便又有效的方法。

該用戶所建立的 IGTV 都會顯示在此處

當追蹤的對象有建立 IGTV 頻道，則「首頁」右上角的 圖示會顯示紅色的圓點。如下圖所示：

按下該鈕可進入如左下圖的畫面，點選「觀看」鈕即可觀看該影片。而右下圖顯示的是全畫面，讓你觀看、暫停、按讚、留言、或傳送訊息。

按此鈕觀看該影片

以手指向上滑動，可看到
更多的 IGTV 影片

觀看 / 暫停、按讚、留言、
或傳送訊息

IGTV 頻道適合放置直式拍攝的影片，如果原先製作的影片為橫式，那麼建議使用其他視訊軟體加入背景底圖，使畫面看起來較完美。例如「威力導演」行動版就有提供 9:16 的直式影片編輯，簡單步驟就能加入手機中的影片 / 相片，串接後再加入標題、濾鏡和背景音樂，快速完成影片的製作。

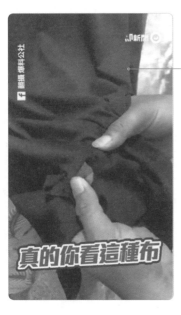

—IGTV 頻道適合
放置直式影片

橫式影片最好—
加入背景底圖

要將影片上傳到 IGTV，請由右上角按下「+」鈕，就能從「圖庫」中選取你
的影片。

—1. 按「+」鈕
上傳影片

2. 從圖庫中選—
取已製作好
的影片檔

選取影片後會看到內容，按右上角的「下一步」鈕可以從下方的縮圖中設定影片的封面、標題和說明文字，也可以自訂影片的封面，設定完成按下「發佈」鈕就大功告成。

1. 按此鈕進入下一步

3. 輸入標題與說明文字

2. 點選縮圖做為影片封面，按「下一步」鈕

4. 按下「發佈」鈕發布 IGTV 影片

稍待片刻，你的頻道中就會顯示新增加的影片囉！，而在個人頁面中按下圓形的「IGTV」鈕，也可見到所有曾經上傳過的 IGTV 內容，如右下圖所示。

對於發佈出去的 IGTV 影片，也可以將影片
的連結複製到其他的社群網站上，讓其他網
友也有機會觀賞你的 IGTV。要複製連結網
址，請在影片播放的情況中按下 ⋮ 鈕，當出
現功能選單時選擇「複製連結」指令，將網
址複製到剪貼簿中，再到你要的社群網站貼
入即可。

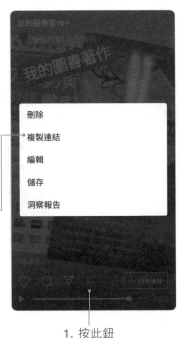

2. 選擇「複製連結」
   指令，即可複製到
   剪貼簿中

1. 按此鈕

🖼 IG 商業工具

打算要在 Instagram 上進行商業性的商品行
銷，則可利用「個人帳號」轉換為「商業帳
號」，使用 IG 的商業工具，商家即能取得洞
察報告，了解粉絲並可查看貼文成效，也可
以建立推廣活動，使商品觸及更多的用戶，
另外可以新增聯絡資料按鈕，讓顧客能夠直
接從個人檔案寄送電子郵件，或是與你通
話。

由於 Facebook 收購 Instagram 後，也將廣告系統加入，所以商家從 FB 的粉絲專頁連結 IG 的商業帳戶，即可直接在粉專頁中編輯 IG 帳戶資訊、在收件匣管理 IG 的留言、從 FB 建立 IG 廣告，讓廣告顯示於 IG 中，接觸更多可能的潛在客戶。開設商業帳號完全免費，其作用就如同粉絲專頁一樣，讓你的品牌、商店有更多的曝光宣傳效果，要使用此功能則可以在「編輯個人檔案」的頁面中點選「試用 Instagram 商業工具」指令，接著會看到一連串的解說頁面，告知商業帳號的優點，請按「繼續」鈕依序了解即可。設定完商家類別、聯絡資訊、連結粉絲專頁後，就完成商業工具的設定。

當完成「試用 Instagram 商業工具」的設定後，帳戶頁面上會多一個「推廣活動」的按鈕，如左下圖所示。另外，點選「選項」☰ 鈕，也會在頁面上方看到「洞察報告」的選項，方便商家進行行銷的分析。

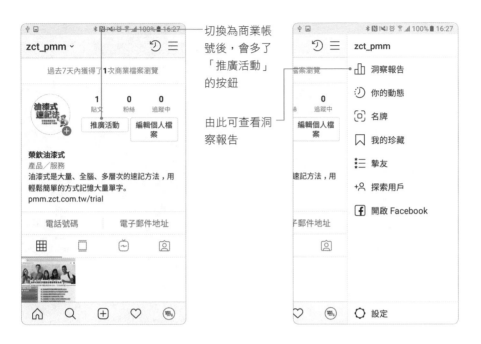

切換為商業帳
號後，會多了
「推廣活動」
的按鈕

由此可查看洞
察報告

Instagram 的商業帳號可以透過「洞察報告」來分析自家商品推廣的情形，對於按讚次數、瀏覽次數、留言數量、珍藏次數、觸及率、參與互動⋯等資訊，都是管理者作為產品改進或宣傳方向調整的依據，從這些分析中逐步了解客戶們的喜好。

🎬 購買 IG 廣告

Instagram 上的廣告版位只有兩種：「動態廣告」和「限時動態廣告」。企業刊登的廣告會在用戶名稱下方顯示「贊助」二字，所以當你在首頁瀏覽追蹤對象所發佈的貼文時，偶爾會看到商家刊登的廣告，同樣地當你瀏覽追蹤對象的限時動態時，偶而也會看到「贊助」的字眼。

刊登廣告會有「贊助」字眼的出現

動態廣告以正方形居多

限時動態廣告多以直式呈現

IG 廣告下方會顯示行動呼籲按鈕

這兩種廣告版位都可以選用相片或影片方式呈現，由於 Instagram 主要在智慧型手機上使用，所以廣告格式自然以 9:16 的直式畫面較為合適，但也可以使用橫向或正方形的畫面。一般建議的解析度為 1080x1920，最小解析度則為 600x1607。IG 廣告有四種類型，包括相片廣告、影片廣告、輪播廣告、限時動態廣告。

- **相片廣告**：多以正方形（1:1）的尺寸居多，正方形廣告的最高解析度為 1936x1936 像素，最低解析度為 600x600 像素，也可以採用橫向或直向格式，建立廣告時，企業可以自行裁切圖像，使廣告畫面符合期望的比例。

- **影片廣告**：以正方形或橫向畫面呈現，影片長度以 60 秒為上限。

- **輪播廣告**：用戶只要用手滑動畫面，即可看單一廣告內的其他相片或影片。

- **限時動態廣告（Instagram Stories 廣告）**：支援全螢幕或直向格式，讓商家可以分享相片或有聲音的影片。如果商家提供的廣告畫面為橫向或正方形，IG 會自動選擇漸層背景，並加入動態消息的廣告文案於廣告底部。如右下圖所示：

商家若提供橫
式廣告時，IG
會自動加入廣
告文案於底部

輪播廣告包含多個相片或影片

要在 Instagram 登廣告主要是透過廣告管理員、API 或廣告創意中心來建
立。若你是商業用戶，請直接在用戶頁面按下「推廣活動」鈕，再點選「建
立推廣活動」鈕進行設定，或是在貼文下方也有「推廣」鈕可投放廣告。

按此鈕建立推
廣活動

貼文下方也有
「推廣」鈕可
進行推廣

由貼文下方按下「推廣」鈕，Instagram 會要求須做以下幾項的設定，包括：

- 選擇要將用戶送到哪個目的地，例如：個人檔案、你的網站、你的 Direct 訊息。

- 選擇目標受眾，可鎖定粉絲、特定地點的用戶、或是選擇要鎖定地標或興趣的用戶。

- 設定預算與期間，Instagram 會自動預估觸及的人數供你參考。

完成如上三項設定後會進入審查階段，Instagram 會在頁面上顯示你所設定項目，也可以預覽廣告畫面，確認之後按下「建立推廣活動」鈕就可以進行推廣，如左下圖所示。

由於 Instagram 廣告不是獨立的廣告平台，而是透過 Facebook 廣告系統進行投放管理，所以個人可以使用電腦版來進行廣告投放，只要有 FB 帳號即可連結到 FB 的廣告管理員，讓你設定行銷的目標、廣告組合、廣告格式。

進入廣告管理員後，按下「切換至快速建立流程」鈕來建立所需的行銷活動，按下「建立」鈕並輸入活動名稱，再依序設定所要的廣告組合、預算、排程、廣告受眾…等，設定投放至 Instagram，再連結你的粉絲專頁與 IG 帳號就完成。

按此切換至快速建立流程

按「建立」鈕建立行銷活動

FB 與 IG 結盟

Facebook 和 Instagram 兩大社群各擁有不同年齡層的用戶，想要用最省力的方式一網打盡主要客群與未來的客群，在此提供幾個方式供各位參考：

個人 FB 簡介中加入 IG 社群鈕

請在個人 Facebook 上按下「關於」標籤,切換「聯絡和基本資料」類別,
接著按下右側欄位中的「新增社交連結」,輸入個人的 Instagram 帳號,最後
按下「儲存變更」鈕儲存設定。

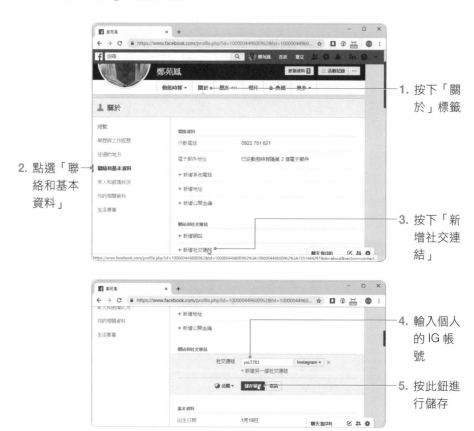

1. 按下「關於」標籤

2. 點選「聯絡和基本資料」

3. 按下「新增社交連結」

4. 輸入個人的 IG 帳號

5. 按此鈕進行儲存

將 IG 帳號新增到 FB 粉專

若要在 Facebook 的粉絲專頁中,把 Instagram 帳號連結進來,首先必須是
該粉絲專頁的管理員,接著即可透過以下的方式進行連結。

1. 由粉絲專頁中按下「設定」標籤

2. 點選「Instagram」類別

3. 在此新增你的 IG 帳號

輸入 Instagram 帳密登入後，你的 IG 帳號就連結到粉絲專頁了。之後只要使用 Facebook 粉絲專頁建立廣告時，IG 帳號裡也會顯示相同的廣告。

🔲 將 IG 舊貼文分享到 FB

如果才剛學會將 Instagram 和 Facebook 兩個社群做連結，那麼以前在 IG 上發表的貼文要如何貼到 FB 上呢！其實很簡單，只要在 IG 上點選已發布的貼文，由右上角按下「選項」鈕，就能依照以下的方式進行分享。

4. 按此鈕分享

1. 按下「選項」鈕

2. 點選「發佈到其他應用程式」指令

3. 由此開啟 Facebook 功能

目前 Facebook 和 Instagram 的結合越來越密切，當你將 IG 的貼文分享到 FB 後，由「設定」視窗點選「開啟 Facebook」指令就可以馬上開啟囉，如下圖所示：

1. 按此鈕顯示設定視窗

2. 按此開啟 Facebook 社群

LINE 社群行銷 ⑩

- ▶ **LINE** 輕鬆加為好友
- ▶ 個人檔案設定
- ▶ 與好友建立群組
- ▶ **LINE** 群組的商品推廣技巧

在台灣，國人最常用的前十名 App 中，即時通訊類佔了四個，第一名便是 LINE。LINE 是由韓國最大網路集團 NHN 的日本分公司開發設計完成，是可在行動裝置上使用的免費通訊程式。它能讓各位在一天 24 小時中，隨時隨地盡情享受免費通話與通訊，甚至透過免費的視訊通話即可和遠地的親朋好友通話，就好像 Skype 即時通軟體一樣可以利用網路打電話與留訊息。LINE 自從推出以來縮短了人與人之間的距離，讓溝通變得無障礙。

數千萬的用戶每天一早起床就是先透過 LINE 和好友說聲早安，空閒的時候就查看 LINE 好友分享的訊息，無聊時就用 LINE 打電話，天南地北與好友隨意聊天，懶得說話打字就用一個貼圖說明現在的心情，或是將志同道合的朋友群組在一起，一次貼文就讓所有成員看到。簡便的功能讓許多小商家也開始使用 LINE 來做行銷，將潛在客戶集結在一起，發送商品相關訊息，許多商家也開始使用 LINE@ 生活圈來行銷。

LINE 是 LINE@ 的基礎，所以手機中必須有安裝過 LINE App 後才可以安裝 LINE@，否則 LINE@ 將無法完成設定。這裡我們會先針對 LINE 常用的功能做介紹，熟悉 LINE 的基本操作技巧後，待使用 LINE@ 程式時就更能駕輕就熟。

⭐ LINE 與 LINE@ 的圖示並不相同，手機必須先安裝 LINE App 後才能安裝 LINE@，而且 LINE@ 僅有店家管理時才需要下載

 LINE 輕鬆加為好友

下載 LINE 軟體十分簡單，請到 App Store 或 Google Play 中輸入 LINE 關鍵字，即可安裝或更新 LINE App。

⭐ 啟動 Google Play 後，輸入「line」關鍵字，即能安裝或更新 LINE 程式

在 LINE 程式中必須彼此是好友才可以開始互通訊息與通話，當雙方都已經有 LINE 帳號了，要怎麼互相加為好友呢？請各位啟動 LINE 程式後，按下主頁鈕切換到「好友」👤 頁面，接著點選右上角的「加入好友」👤+ 鈕，就會看到如下幾種方式讓你加入好友：

😊 以 ID/ 電話號碼進行搜尋

在上圖中點選「搜尋」🔍 鈕，即可先點選「ID」或「電話號碼」的選項，只要知道對方的 ID 或電話號碼，就可以快速將其加為好友。

為了避免一些銷售人員任意將他人電話加為好友而造成困擾,在使用電話號碼進行好友搜尋時,如果超過 LINE 允許搜尋次數的上限時,LINE 就會顯示如右的視窗,告知你暫時無法搜尋電話號碼。

> 暫時無法搜尋電話號碼。您已超過允許的搜尋次數上限。
>
> 確定

如果不想讓對方有你的電話就能隨便亂加的話,也可以按下「設定」⚙鈕,在「好友」畫面中取消勾選「允許被加入好友」的選項,這樣就不會被亂加了。

搖一搖加入好友

當你和朋友聚會想將對方加為 LINE 好友，就可以透過「搖一搖」 的方式來加入。只要雙方一起搖動個人手機或是相互碰觸手機螢幕，就能將朋友以及周圍附近的官方帳號顯示在搜尋的清單中。

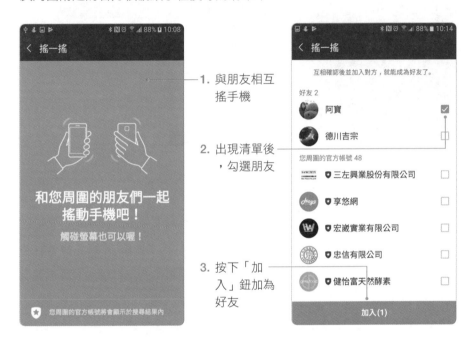

1. 與朋友相互搖手機

2. 出現清單後，勾選朋友

3. 按下「加入」鈕加為好友

利用此功能加入好友時，必須雙方的手機都有開啟定位的功能，這樣應用程式才能夠迅速且準確的判斷你的位置。

以行動條碼加入好友

好友雙方在一起時，也可以透過手機鏡頭直接掃描對方的 QR code 來加入好友。點選「行動條碼」 鈕後會進入左下圖的「行動條碼掃描器」畫面，當對方或你按下右下角的「顯示行動條碼」鈕時，手機上就會顯示該用戶的行動條碼（如中圖所示），此時只要將方框對準好友的條碼，馬上就可以找到對方的大頭貼，按下「加入」鈕就可以將對方加為好友。

以簡訊傳送邀請函

除了上述幾種方式與朋友互加為好友外，對於公務上往來的客戶可以考慮使用簡訊來傳送邀請函。在「加入好友」畫面中點選「邀請」■鈕後會在對話框中顯示「簡訊」的選項，選擇之後將列出手機中的所有聯絡人姓名與電話，勾選邀請者之後按下底端的「邀請」鈕，就可以透過「訊息」、「Messenger」或「Hangouts」等應用程式來進行邀請。

由後方勾選聯絡人後，按下底端的「邀請」鈕，就能選擇以何種應用程式進行簡訊的傳送

個人檔案設定

想要在 LINE 上給別人一個特別的印象，那麼個人檔案的設定就不可忽略。尤其是擁有經營的事業或店面時，當好友們點選你的大頭貼照時，就可以看到你的個人檔案或狀態消息。小提醒：若沒有加入個人的相片作為憑證，為了安全起見很多人是不會願意把你加為好友。

狀態消息

好友清單上所顯示
的圓形大頭貼照

這裡我們就針對個人檔案的設定做説明，請先切換到「好友」👤 頁面，點選個人的圓形大頭貼後，接著進入左下圖的個人頁面。點選「個人檔案設定」鈕即可進入「個人檔案」來進行大頭貼照、背景相片、狀態消息的設定。

加入背景歌曲

設定大頭貼照

設定背景相片

設定狀態消息

按此鈕進行動態消息、照片或影片發佈

設定個人大頭貼照

按下大頭貼右下角的 📷 鈕，即可透過「相機」進行拍照，或是從媒體庫中選取照片或影片。

相機

選擇照片或影片

刪除

LINE 提供的「相機」功能相當強大，除了一般的拍照外，還能在拍照前加入各種貼圖效果，或是套用濾鏡變化。如左下圖所示為各種類型的貼圖效果，點選之後可以看到套用後的畫面效果，調整好位置與姿勢按下 ⏺ 鈕就能完成拍照的動作。右下圖則是提供各種人物、景物的濾鏡效果，當套用濾鏡時就會呈現勾選狀態，你也可以利用滑鈕來調整套用的比例。

各式各樣的貼圖　　　　貼圖　濾鏡　按此鈕進行拍照　　套用濾鏡效果

按下拍照 ⦿ 鈕後將顯示左下圖的畫面，你可以勾選「分享至限時動態」的選項，這樣按下 ▷ 鈕就會將已變更的相片自動張貼到「貼文串」的頁面中。喜歡拍照後的相片也可以按下 ↓ 鈕儲存到媒體庫中，以後還可以使用這張相片。

2. 顯示相片變更結果

1. 拍照後按此鈕進行發佈

勾選此項將分享至「貼文串」的限時動態

預設值是呈現勾選狀態，自動張貼變更後的相片至貼文串

變更背景相片

在背景照片部分，如果有經營事業或店面，那麼不妨將商品或相關的意念圖像加進來吧！按下背景相片右下角的 📷 鈕，即可從手機中的「所有照片」來找尋欲使用的相片，包括從相機、Facebook、LINE、Messenger、Screenshop、Instagram…等各種應用程式中的圖片。

由此下拉可切換到相機、Facebook、LINE、Messenger、Screenshop、Instagram…等各種應用程式中所使用過的相片

找到你要的圖片後會顯示如右下圖的畫面，你可以進行位置的調整或是旋轉畫面，按「下一步」鈕後還可在背景相片上加入塗鴉線條、輸入文字、可愛插圖、或濾鏡效果，讓底圖相片更具有特色，而這些效果的使用基本上和Facebook、Instagram 的相機功能雷同，這裡就不再贅述。

加入濾鏡效果

加入位置資訊、時間、日期、以及各種可愛的插圖

輸入文字

加入塗鴉線條/圖案

按「完成」鈕完成背景圖片的設定

位置調整

旋轉相片方向

📇 設定狀態消息

要加入狀態消息，請從「個人檔案」的頁面中點選「狀態消息」，即可在「狀態消息」的畫面中輸入要表述的內容，進行「儲存」後，你的名字下方就可以顯示剛剛設定的狀態消息。

📇 為個人檔案選用背景音樂

「背景音樂」的功能並非是預設功能，必須從「個人檔案」中勾選「背景音樂」，且手機中有安裝「LINE MUSIC」才可以使用，若尚未安裝，LINE 會指引到 App Store 或 Google Play 去下載安裝。LINE MUSIC 是線上音樂串流，可設定鈴聲、答鈴和背景音樂，擁有時尚的播放介面，還有各種的精選音樂推薦，不過必須使用信用卡付費才能使用。

○ 手機中必須安裝 LINE MUSIC App 才可以選擇和設定歌曲

📈 與好友建立群組

如果你是個體銷售戶，也想利用 LINE 來推廣商品，那麼「建立群組」的功能不失為簡便的管道。只要將親朋好友依序加入群組中，當有新產品或特惠

方案時,就可以透過群組方式放送訊息,讓群組中的所有成員都看得到,若有需要者可直接在群組中發聲,輕鬆為你增加業績。

⊕ 利用群組功能把親朋好友群聚在一起,一次貼文公告大家都看得到

LINE 群組最多可以邀請 499 位好友加入,好友加入群組可以進行聊天,群組成員也可以使用相簿和記事本功能來相互分享資訊,即使刪除聊天室仍然可以查看已建立的相簿和記事本喔!

📷 建立新群組

要在 LINE 裡面建立新群組是件簡單的事,請切換到「好友」👤 頁面,由「群組」類別中點選「建立群組」即可開始建立。

接著就在已加入的好友清單中進行成員的勾選,亦可一次就把相關的好友名單通通勾選,按「下一步」鈕並輸入群組名稱,最後按下「建立」鈕完成群組的建立。

按此建立
群組圖片

設定群組檔案時可以順道加入群組代表性的圖片,像是從手機的相簿中進行挑選或拍照,LINE 本身也有內建各種圖案可以選用,或是事後再透過群組頁面來進行變更。

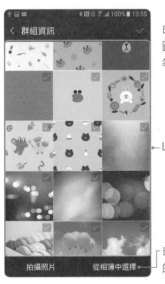

由此可為群組相片加入貼圖、文字、塗鴉、濾鏡等效果

LINE 內建的圖案樣式

由此加入現有的群組圖案

 群組的聊天設定

當群組建立成功後,「好友」頁面的群組列表中就可以看到此群組名稱,點選名稱即可顯示群組頁面。頁面上除了群組圖片、名稱外,還會列出所有群組成員的大頭貼,方便跟特定的成員進行聊天。按下右上角的「聊天設定」鈕則可進行群組名稱的變更、邀請新成員、背景設定、或是群組的退出。

按此鈕進入「聊天設定」頁面

變更群組名稱,最多 50 個字

顯示群組成員,以及正在邀請中的名單,也可以進行新成員的邀請

顯示已經加入的群組成員

按此進行背景圖設定

也可以在進入群組畫面後,點選右上角的 ⌄ 鈕,就會顯示如下的選單,以便進行邀請、聊天設定、編輯訊息⋯等各項設定工作。

👥 多管道邀請新成員

先前在建立新群組時，已經順道從已加入的好友中選取要加入群組的成員，這些成員會同時收到邀請，並顯示如左下圖的畫面，被邀請者可以選擇參加或拒絕，也能看到已加入的人數，願意「參加」群組的人就會依序顯示加入的時間，如右下圖所示：

除了以上述管道加入群組成員外，由「聊天設定」頁面中點選「成員名單 - 邀請」，還可在如下的頁面中透過「選項」 ⋮ 裡的「邀請」指令來邀請更多成員的加入，亦可選擇行動條碼、邀請網址、電子郵件、SMS 等方式，將 LINE 社群以外的朋友也邀請加入至你的 LINE 群組中。

▼ 行動條碼

點選「行動條碼」會出現如下頁左圖的行動條碼，可將它儲存在手機相簿中，再傳給對方進行掃描。

▼ 邀請網址

點選「複製邀請網址」鈕，即可將邀請網址轉貼到布告欄，或其他的通訊軟體上進行傳送。

電子郵件

提供 Gmail 或電子郵件方式來傳送邀請，也可以使用連結分享方式，以選定的應用程式來共享檔案。如下所示是透過 Gmail 來傳送群組邀請，方便對方連結網址或 QR code 來加入 LINE 群組。

⌔ SMS

列出最近對話的好友、Facebook 或 Messenger 上的聯繫對象,按下右側的「發送」鈕就可以邀請對方加入群組。

📈 LINE 群組的商品推廣技巧

LINE 雖然是社群軟體,但想要利用 LINE 群組來行銷商品還是必須拿捏分寸,畢竟參加群組的成員並不是為了要看廣告而加入,故在設立群組後,必須以經營朋友圈的態度來對待所有成員,而非單純從廣告推銷的角度著眼,這樣才不會讓已加入的好友退出群組,甚至把你列入封鎖的名單。下面列出幾項要點,作為以 LINE 群組進行行銷交流時的參考:

- 逢年過節可將祝賀的吉祥話傳送至群組,順道留下與商家名稱或商品相關的資訊,以提升品牌形象、知名度和能見度。

- 圖片效果比單純文字吸引人,影音效果又比圖片更吸睛,善用精美的圖片或影音來表現自家的商品或品牌。

- 商品相片要搶眼,剪裁工作不可少,裁切相片多餘的部分將讓商品更醒目,多利用濾鏡效果可讓相片色彩更亮麗飽和。

- 善用一張圖來呈現多樣款式，讓觀看者一圖看盡所有資訊！若無專屬的美工設計來幫忙編排相片，仍可以透過相片編輯程式來拚貼照片或組合。不妨透過 App Store 或 Google Play 找尋照片修圖神器或相片編輯器，簡單幾個動作就能完成美拍相片和組合相片。

- 手機 App 有很多影片剪輯程式，能輕鬆將多張相片或影片串接起來，還可加入標題、內文字、轉場效果、背景音樂，簡單幾個步驟就能搞定，多加利用讓商品宣傳多樣化。

- 利用節慶、假期做促銷方案可吸引買氣。推出之前最好先「自他互換」，若能吸引到自己的購買欲望，相信也能吸引他人的購買慾。

- 構思貼文標題要有梗，盡可能聚焦於一個重點，才能讓讀取者印象深刻。若只有連結網址而沒有主題標示，將很難吸引成員去按點連結。

掌握以上重點後，接下來就是利用 LINE 群組來傳送訊息文字、圖片、影片、語音、貼圖，這幾項功能都很簡單，只要進入群組畫面後透過底端的按鈕即可傳送各類型的商品資訊。

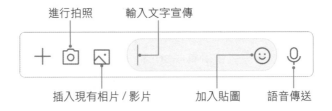

進行拍照　　輸入文字宣傳

插入現有相片 / 影片　　加入貼圖　　語音傳送

文字宣傳

文字輸入點所在的位置即可輸入文字。點選該區塊時，手機下方自動會顯示鍵盤，方便各位進行中、英、數字、符號等輸入。輸入常用的名詞也會出現一些小插圖可以選用，只要善加利用，就能讓單調的文字變得活潑生動。

輸入「手機」時會出現
各種手機圖案可以進行
替代

按此鈕傳送文字訊息

此外，也可以按下輸入鍵盤上的 😊 鈕，就會切換到如下的面板供挑選各種
的小插圖來美化貼文。

1. 按此鈕

2. 面板中顯示各種類型
的小插圖，直接點選
就加入至文字當中

按此鈕切換回文字輸入

🖼 插入現有相片 / 影片

由底端按下 🖾 鈕會以方格狀的縮圖顯示手機中的相片、影片，找到要使用
的圖片後，將會看到下頁左圖的畫面，若是相片則可以利用頂端的各項按
鈕加入文字、貼圖、濾鏡，或進行裁切使畫面主題更明顯，確認畫面是要
貼出的資料後，按下 ▶ 鈕就公告出去了，如下頁右圖即是文字、圖片貼出
的效果。

如果要張貼的相片或圖片不在手機中,亦可以使用電腦版的 LINE 程式來進行張貼,如下圖所示。LINE 電腦版支援 Windows、Mac 繁體中文版,還有 LINE Web 網頁版,可利用 QR code 方式用手機掃描或進行多帳號登入。也可以事先將要使用的圖片拷貝放入手機中,以 Android 手機為例,放置在「DCIM」的資料夾中即能使用了。

☁ 電腦上的檔案使用 LINE 電腦版來傳送更方便

語音傳送資訊

想要將好消息透過語音方式放送給群組成員,按下 🎤 將顯示如左下圖的面板,點選按鈕不放即可對著手機開始講話,說完後放開按鈕,語音內容立即放送至群組中。

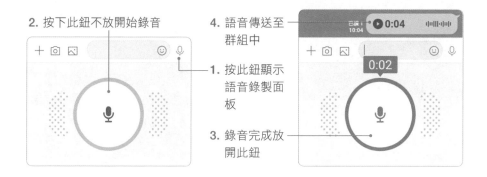

2. 按下此鈕不放開始錄音

4. 語音傳送至群組中

1. 按此鈕顯示語音錄製面板

3. 錄音完成放開此鈕

群組通話 - 語音 / 視訊 / 直播

若要對群組進行通話,可在群組畫面上方按下 📞 鈕,以進行語音通話、視訊通話,或是 LIVE 直播。

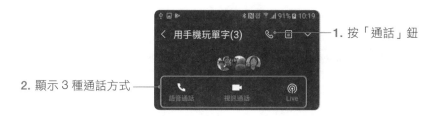

1. 按「通話」鈕

2. 顯示 3 種通話方式

▼ 語音通話

「語音通話」是透過手機進行免費聊天,群組語音通話過程中,任何成員都可以加入,而哪些成員已加入群組通話都可在畫面上看到。

顯示已加入群組通話的成員大頭貼照

顯示群組通話的開始與結束

按鈕結束通話

▼ 視訊通話

「視訊通話」是透過手機鏡頭直接捕捉現場畫面，所以能立即顯示成員所在環境、表情與當時的裝扮，就如同與對方面對面溝通一般。如需切換鏡頭、旋轉螢幕、或是要分享螢幕畫面，可按下「選項」 ⋮ 鈕進行選擇。

顯示已加入視訊通話的成員

多人通話時，可由此設定畫面切割方式

按「選項」鈕所顯示的清單選項

Live 直播

當你由群組中按下 📞 和「Live」📡 鈕後，會先看到左下圖的畫面，此畫面可以切換鏡頭面向自己或對外，也可以旋轉拍攝方向或套用濾鏡效果。只要按下圓形的「拍照」⚫ 鈕，就會立即在群組上方顯示直播的內容讓群組成員觀看，群組上也會顯示 LIVE 直播已開始，如右下圖所示。要結束直播則按下右上角的 ✕ 鈕，就會顯示對話框確定是否要結束 LINE 直播。特別注意的是，Live 直播內容只有直播當時群組成員才能觀看，直播結束後未看過的成員也無法再看到喔！

3. 按此鈕結束 Live 直播

按此鈕將直播畫面變成全螢幕

由此切換鏡頭向內 / 向外

旋轉拍攝方向

加入濾鏡

1. 按此鈕開始直播

2. 顯示直播已開始

在全螢幕直播過程中，可暫時關閉相機或是選擇分享螢幕畫面，只要按下
●，就能跳出如右下圖的視窗來選擇。

按此鈕暫時關閉
相機，需要繼續
直播時再開啟相
機

按此鈕顯示選項

LINE 貼圖與行銷

LINE 貼圖對手機使用者來説是一大福音，使用貼圖來取代文字，不僅比文字
簡訊更為方便快速，還可以表達出內在情緒的多元性，不但十分療癒人心，
還能馬上拉近人與人之間的距離。此外，手機的文字輸入沒有像桌上型電腦
那麼便捷快速，對於聊天時無法用文字表達心情與感受時，圖案式的表情符
號就成了最佳的幫手，只要選定圖案後按下「傳送」▶鈕，對方就可以馬上
收到，讓聊天更精彩有趣。

貼圖顯示效果

按此鈕會在下方
顯示各種貼圖

直接點選圖樣即
可進行傳送

很多貼圖按下
「下載」鈕即可
使用

使用 LINE 進行聊天時，貼圖被應用的比例相當高，不但聊天時可以快速表達情感，很多商家也會自製貼圖提供 LINE 用戶下載使用，以增加品牌的知名度。LINE 免費貼圖早已成為企業的行銷工具，特別是一般行動行銷並不容易接觸到掌握經濟實力的銀髮族群，因此企業為了推廣，會推出好看、實用的免費貼圖，打開手機裡的 LINE，常會不定期推出免費的貼圖，以吸引不想花錢買貼圖的使用者下載，下載的條件是「加入好友」，一旦加為好友就可以在一定的期限內使用該貼圖，當然商家會不定時地將商品資訊提供給下載用戶，以便進行廣告的宣傳，也使得 LINE 貼圖成為企業推廣帳號、產品及促銷的重要管道，藉此以小博大，花最小的預算來達到宣傳目的。

只要加入好友就
可下載可愛的企
業貼圖

許多商家會提供
貼圖免費下載，
增加品牌知名度

LINE@ 生活圈

- ▶ 立即使用 LINE@ 生活圈
- ▶ LINE@ 管理方式
- ▶ 管理你的 LINE@ 帳號
- ▶ 輕鬆獲取好友
- ▶ 用心經營 LINE@ 帳號

拜科技之賜，行動平台佔據人們許多的時間，行銷的潛力當然不容小覷，聰明的店家應該善用行動網路力量來增加行銷效果，將危機變成致勝的轉機。前面章節我們為個體戶或小商家介紹使用 LINE「群組」，將潛在客戶集結在一起，發送商品相關訊息。然而「群組」還是有些缺失，因為群組中的任何成員都可以發送訊息，所發出的訊息很容易被洗版，往往讓後面的人不易看到發送過的優惠訊息，彼此間的對話內容也不具有隱私性，遇到私密問題亦不適合在群組中公開發問，且 LINE 無法做多人同時管理。於是 LINE 推出了若商家要透過 LINE 作為行銷工具，則可以考慮使用 LINE@ 生活圈。

🔴 LINE@ 僅有店家管理時才需要下載

LINE@ 生活圈是一種全新的溝通方式，類似於 Facebook 的粉絲團，讓商家可以和顧客或粉絲更貼近。商家只要簡單的操作，就可以輕鬆傳送訊息給所有客戶而不會被洗版。要 1 對 1 與客戶聊天也沒問題，對話內容不會被群組中的其他人看到，讓商家接收諮詢或訂單保有絕對的隱私性。而且動態消息可以無限制的放送，讓商家可以隨意地分享訊息給粉絲／客戶，粉絲們也能使用貼圖、表達心情、或是分享給其他人。除此之外，行動官網還可刊載店家的營業時間、地址、商品等相關資訊，讓這些資訊得以在網路上公開搜尋到，增加商店曝光的機會。任何 LINE 用戶只要搜尋 ID、掃描 QR code 或是

搖一搖手機，就可以加入喜愛店家的「LINE@ 生活圈」帳號，在顧客還沒有到店前傳達訊息，並直接回應客戶的需求，像是預約訂位或活動諮詢等，實體店家也可以利用定位服務（LBS）鎖定生活圈 5 公里的潛在顧客進行廣告行銷，顧客只要加入指定活動店家的帳號，即可收到店家推播的專屬優惠。對於擁有實體店面的商家，更適合申請 LINE@ 生活圈，讓商家免費為自己的商品做行銷。

⊕ LINE@ 擁有許多的優點

LINE@ 在 2019 年 4 月 18 日開始，已將「LINE@ 生活圈」、「LINE 官方帳號」、「LINE Business Connect」、「LINE Customer Connect」等產品進行服務和功能的整合，並將名稱取名為「LINE 官方帳號」，所以只要是 LINE 會員想要創建新的帳號，就必須申請全新的「LINE 官方帳號」，這樣的整合無非是企圖將社群力轉化為行銷力，形成新的行動行銷平台，以便協助企業主達成「增加好友」、「分眾行銷」、「品牌互動溝通」等目的，讓實體零售商家能靈活運用官方帳號和其延伸的周邊服務，真正和顧客建立長期的溝通管道。

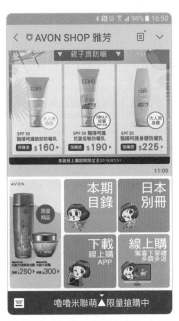

⊕ 透過 LINE 玩行動行銷，可培養忠實粉絲

立即使用 LINE@ 生活圈

LINE@ 生活圈是將訊息傳送給顧客或粉絲的最佳幫手，建立一個專屬的帳號，就可以進行聊天、回覆、群發訊息、動態消息發布⋯等動作。LINE@ 生活圈的使用就像是 LINE 群組的加強版，因此會使用 LINE 傳遞訊息，就可以使用 LINE@ 來做行銷。

LINE@ 下載與安裝

使用 LINE@ 生活圈必須先透過個人 LINE 帳號，才能登入並使用 LINE@ App 或電腦版管理後台。所以在申請前，需先在手機的 LINE App 完成個人電子郵件帳號的綁定，再到 App Store 或 Google Play 搜尋「line@App」，找到「LINE@App（LINEat）」程式並自行安裝即可。完成與 LINE 連動的操作後，才能使用訊息管理後台或專屬應用程式。

搜尋 LINE@App 後，按此鈕開始安裝 App

LINE@App 安裝必須從你的手機取得相關項目的存取權，按「接受」鈕同意

📲 啟用 LINE@ App

下載完成後，會出現歡迎的畫面，接著是簡單的 LINE@ 介紹，可了解如何加入好友、1 對 1 聊天室、傳送訊息、和上傳主頁投稿，按下「啟動 LINE@」按鈕即可開始。

顯示歡迎畫面後，以手指滑動即可看到各項功能的簡要說明

按此鈕啟動 LINE@

- **加入好友**：讓別的使用者可以搜尋你的行動條碼或 ID，或是透過「搖一搖」找到你，並加入好友。

- **1 對 1 聊天室**：可直接和 LINE 上的好友通訊。

- **傳送訊息**：將訊息（包括相片和貼圖）同時傳送給所有 LINE@ 好友。

- **上傳主頁投稿**：將投稿分享到所有 LINE@ 好友的動態消息。

在按下「啟動 LINE@」鈕後，隨即看到如下圖的兩個按鈕：選擇「開始使用 LINE」會與手機 LINE 連動，也就是以該手機使用者的 LINE 帳號密碼進行登入；若是使用他人手機或是使用公司的 LINE 帳號密碼，則請選擇「使用 LINE 帳號登入」進行。

按此鈕是以手機使用者的 LINE 帳號密碼進行登入

按此鈕則是用他人手機或是公司的 LINE 帳號密碼

登入後會出現「認證」畫面，這時會要求存取個人資料與傳送訊息的必要資訊，請按下「同意」鈕離開。接著在「帳號資料」的畫面中輸入 LINE@ 帳號名稱，設定帳號的主要業種、次要業種，以及欲顯示的圖片後，才能按下「註冊」鈕，這裡所設定的帳號名稱及圖片都將公開至其他 LINE 用戶。

> **TIPS 建立 LINE@ 帳號**：LINE@ 帳號最多可輸入 20 個字，一般帳號名稱在設定完成 24 小時後可再進行名稱的變更，但是帳號分類中的「主要業種」與「次要業種」在建立帳號時設定之後就無法進行更改。

在「認證」畫面中按下「同意」鈕後，LINE 也很貼心的提供「使用教學」來幫助第一次使用者設定 LINE@，點選「使用教學」的選項，即可進行動態消息、封面照片、設為好友時的動態訊息等的設定，如下圖所示。

LINE@ 帳號介紹

完成 LINE@ 一般帳號的申請手續後就會進入「管理」畫面，在帳號下方可看到一組由系統自動產生的 LINE@ ID，由於是系統隨機產生的 ID，所以較不容易記憶。如果想要擁有一組好記的專屬 ID，可以自行向 LINE 購買，另外帳號下方還會標註帳號狀態，如下圖所示，目前申請的是「一般帳號」。

系統自動產生的
LINE@ ID

帳號名稱

顯示帳號狀態為「一般帳號」

LINE 官方帳號 2.0 分為「一般帳號」、「認證帳號」、「企業帳號」三種：

▼ 一般帳號

任何人都可以申請和擁有的帳號，而且不需要經過審核，也不需要付年費，小商家或店面都可以使用此類型帳號來進行行銷，此類帳號是以灰色盾牌顯示，只提供 1 對 1 聊天、群發訊息等基本功能，若要有更多功能的使用，可考慮付費方式或申請專屬 ID。一般帳號的 ID 會在 @ 後方加上 3 個英文字 +4個數字 +1 個英文字，如：「@rxe2351k」，這是系統自動產生的 LINE@ ID，會比較不好記。

▼ 認證帳號

帳號名稱前會以藍色星型盾牌顯示，新版認證帳號規定必須購買專屬 ID，而且是通過審核的合法企業、商家或組織。擁有好記的 ID 名稱可以讓你的帳號更容易被搜尋到，也可以快速擴展好友數目，特別是以品牌作為專屬 ID 時，不但可以統一對外的名稱，也讓消費者更好辨識，提升品牌的形象。

專屬 ID 必須購買加值服務或支付專屬 ID 費用後才能取得，Android 或是電腦版用戶只需繳交台幣 720 元的年費，而 iOS 用戶則是台幣 1038 元。專屬 ID 讓用戶可在 @ 之後指定特定的名稱，但最多 18 個字，且系統僅能使用半形英數及「.」、「_」、「-」的符號，若選用的 ID 已被其他帳戶所使用，則必須重新設定。

▼ 企業帳號

早期官方帳號是顯示綠色盾牌，且是特定業種才可申請，並得通過 LINE 公司的審核使能取得。這些認證帳號可以出現在官方帳號列表、LINE@ 列表、LINE 好友列表中，可讓其他用戶搜尋得到，並且擁有製作海報功能。而在新方案中，這些認證帳號已定義為「企業帳號」，它必須符合積極經營好友關係之認定，且由 LINE 主動提供此認證。

有經過認證的企業帳號會看到綠色盾牌

經過認證的帳號才可能顯示在官方帳號的列表中

LINE@ 管理方式

欲使用 LINE@ 進行管理或行銷，可以選擇使用手機 LINE@ App ，也可以透過 LINE@ 電腦管理後台來進行管理，以下分別針對這兩部分做說明。

使用 LINE@ 手機 App 管理帳戶

當店家在註冊一般帳號並進入 LINE@ 手機管理介面後，可以看到「好友」、「聊天」、「首頁」和「管理」四個標籤：

- **「好友」標籤：**可以透過分享行動條碼、分享 URL、或是利用名稱方式進行好友的搜尋。

- **「聊天」標籤：**顯示聊天的記錄。

- **「首頁」標籤：**可查看帳號資訊，或是進行投稿，以便分享想資訊。

好友、聊天、首頁、 ──→
管理四大標籤

──── 管理所包含的主要功
能區

- **「管理」標籤**：「追蹤者」顯示好友的數據資料，「群發訊息」用以透過手機傳送訊息給所有好友，也可進行訊息的編寫或預約訊息傳送的時間，另外會顯示每月訊息剩餘的額度。「設定」用來做個人資料、貼圖、聊天、好友等相關設定，對於常見的問題，這裡也有提供基本的說明。下方則是管理所包含的主要功能區，包括獲得更多好友、成員／帳號管理、主頁設定…等。

使用 LINE@ 電腦管理後台

除了使用手機管理 LINE@ 生活圈的帳號外，也可以使用 LINE@ 電腦管理後台來管理帳號。LINE@ 電腦管理後台可以做宣傳頁面、製作海報、調查頁面、新增操作人員或權限變更等，這些都是手機版所沒有的功能。如果想要進行上述功能的使用與管理，只要直接連結到如下的網址就可以搞定。

▼ LINE@ 生活圈電腦管理後台：http://admin-official.line.me

第一次登入電腦管理時，後台會要求輸入帳號與密碼，同時必須從手機輸入 6 位數字的驗證碼，確認之後才會進入 LINE@ MANAGER 管理系統。在「帳號一覽」頁籤中就可以看到目前管理的帳號，通常一個 LINE 帳號，最多能開設四個 LINE@ 一般帳號。

1. 點選此頁籤

2. 點選管理的帳號名稱，即可進入該帳戶的管理介面

點選要管理的帳號名稱後，即進入該 LINE@ 帳號，從如下的視窗中可進行訊息的編寫、1 對 1 聊天、主頁設定…等。對於新手而言，視窗中有綠色的「新手指引」區塊，裡面貼心地列出五個項目，新手只要依序點選項目，就會直接進入該項的設定畫面，遵照指示進行編輯，就能完成基本設定、主頁設定、用戶加入好友時的問候語等設定。

各項管理項目以頁籤進行切換

新手必設定的內容

管理你的 LINE@ 帳號

前面已順利地啟用手機版的 LINE@ 帳戶，也知道如何進入 LINE@ 電腦版管理後台，現在就要開始用心經營你的 LINE@ 帳戶囉。這裡會針對常用的功能作介紹，讓你輕鬆使用手機或電腦管理後台來管理和行銷 LINE@ 帳號。

變更狀態消息 / 帳號顯示圖片 / 好友歡迎訊息

先前可能透過「使用教學」快速設定了狀態消息、帳號顯示圖片、設為好友時的動態訊息等內容，但若覺得原先設定的內容不盡理想而希望修改時，請從手機上點按帳號名稱，或是在下方點選「基本資料」的選項，即可進入「基本資料」中編修。

1. 點選帳號名稱
2. 由此變更帳號顯示圖片
3. 由此變更狀態消息
4. 由此變更設為好友時的歡迎訊息

或選此項也可進入「基本資料」

▼ 變更狀態消息與帳號顯示圖片

在好友列表中，通常於帳號名稱後方有時會出現一排比較小的文字，這是所謂的「狀態消息」，這裡設定的文字可以幫助商家被搜尋到，增加曝光機會，善用它也可以增加好友的認同感。

狀態消息最多可以設定 20 個字

你可以在狀態消息中設定與商店有關且易懂的關鍵字，以便宣傳帳號內商店的特色或資訊，一旦變更後，一小時內將不得再次變更。

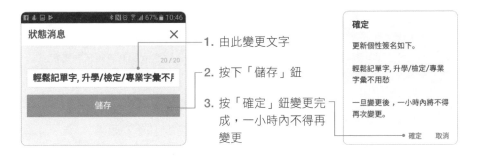

1. 由此變更文字
2. 按下「儲存」鈕
3. 按「確定」鈕變更完成，一小時內不得再變更

若要變更帳號顯示圖片，只要點選圓形圖片即可從顯示的面板中選擇「拍攝照片」或「從相簿中選擇」，選定相片後再進行縮放調整。

如果要從電腦版管理後台進行變更，則到「新手指南」中選擇第 1 項「設定您的帳號顯示圖片和狀態消息吧！」，就會進入「基本設定」頁面。

按此鈕上傳帳號顯示圖片，
建議尺寸為 640×640 像素

設定狀態消息顯示的文字

▼ 變更設為好友時的歡迎訊息

在 LINE@ 生活圈裡，當顧客加入你的帳號時就會跳出好友歡迎訊息，這是你和好友第一次的接觸，通常用戶閱讀此訊息的機會相當高，如果歡迎訊息設定的好，將可拉近彼此的距離，降低被封鎖的機會。LINE@ 允許設定者一次最多可放送 5 則訊息，除了文字訊息的傳送外，也可以傳送貼圖、照片、優惠券、宣傳頁面…等。但是不建議傳送過多以避免反效果，而文字訊息最多可輸入 500 字。

> 👍TIPS **歡迎訊息編寫要訣**：歡迎訊息能拉近與好友的關係，在編寫時盡可能輕鬆、簡短，分行分段，輔以圖片說明，若還能提供一些利益給好友，或是說明此帳號可以獲取哪些服務，亦可降低被封鎖的機會。

如下圖所示是手機中同時設定「文字」和「貼圖」的畫面。如果要新增其他相片或優惠券，可按下底端的「＋」鈕再進行選擇；如要進行訊息的刪除，可長按已編輯過的訊息，即可進行刪除或複製。

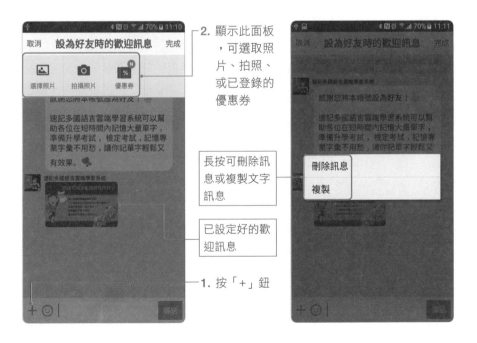

2. 顯示此面板，可選取照片、拍照、或已登錄的優惠券

長按可刪除訊息或複製文字訊息

已設定好的歡迎訊息

1. 按「＋」鈕

若要從管理後台進行修正，請在視窗左側點選「加入好友的歡迎訊息」頁籤，或是從「新手指南」中點選第 4 項，就可以在如下的畫面中編修。

3. 按此鈕加入表情與表情符號　　　　　　　2. 由此編輯文字內容

1. 點選此頁籤　　　　　4. 預覽問候語顯示的效果

在文字訊息中可加入表情與表情符號，善用表情符號能讓不容易表達的情緒或表情顯現出來，使歡迎詞變得活潑生動。按下「表情」鈕所提供的表情與符號大致如下：

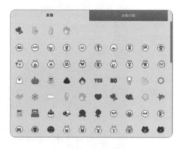

🧑 設定主頁封面照片

當我們在 LINE 裡面點選某一帳號時，首先跳出的小畫面，或是按下「主頁」鈕所看到的畫面就是「主頁封面」主頁封面照片關係到店家的品牌形象，假如不做設定，好友看到的只是一張藍灰色的底，將無法凸顯出店家想表現的特色。所以在加入好友之前，一定要先設定好主頁封面照片，凸顯帳號的特色，吸引客戶的目光，提升品牌注意力。

主頁封面照片

由手機進行「封面照片」的設定時，請切換到「首頁」，接著點選封面照片，即可選擇現有的照片或直接使用相機進行拍攝。

或是在電腦後台的「新手指南」中點選第 2 項「設定封面照片吧！」，亦或在視窗左側點選「主頁 / 主頁設定」，就能看到如下的「主頁設定」。按下「上傳」鈕進行上傳，若需裁切範圍請按下「裁切範圍」鈕進行設定。另外視窗下方還有一些選項設定，像是變更相片時投稿至動態消息、留言功能設定、管理垃圾留言用戶等，設定完成別忘了在最下方按下綠色的「儲存」鈕，這樣主頁的設定才算完成。

圖片大小建議為 1080×878 像素，圖片上傳後可做裁切的動作

畫面下移還有更多的設定項目

輕鬆獲取好友

要進行自家商品的行銷推廣，好友當然不可少，擁有越多的好友時，當貼文或訊息一發佈出去，所有好友立馬看到。LINE 提供多種獲取好友的方式，不管是 LINE、Facebook、Twitter、電子郵件…等，各種社群網站上的好友，都可以有效的告知他們你已經開始使用 LINE@ 帳號，讓他們用最簡便的方式輕鬆將你加為好友。這裡將介紹如何獲取好友的各種方式，包括從 LINE@ App 或從電腦後台上獲取好友。

在 LINE@ App 上，由「管理」標籤中點選「獲得更多好友」的選項，即能如右下圖中，選擇由 LINE、行動條碼、網址、Facebook、Twitter、電子郵件…等方式來獲得更多好友。

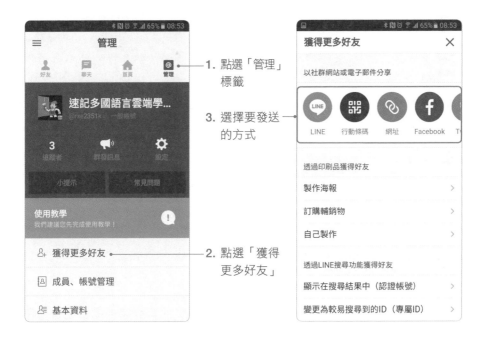

1. 點選「管理」標籤

3. 選擇要發送的方式

2. 點選「獲得更多好友」

從 LINE 獲得好友

由右上圖的視窗中點選「LINE」選項，它會從 LINE 中開啟，接著顯示 LINE 社群中的好友清單，勾選想要傳送的對象或是 LINE 群組，按下「傳送」鈕即可，接著就等朋友或群組成員點選訊息中的超連結，就可以加你為好友了。如果沒有選擇好友或群組，則下方按鈕會顯示「分享至貼文串」，這樣也可以發佈到貼文串中讓大家看到。

2. 按「傳送」鈕傳送訊息

1. 勾選好友或群組

未勾選好友或群組時,透過此鈕可將訊息分享至 LINE 的貼文串

儲存行動條碼

當從「獲得更多好友」的畫面中點選「行動條碼」,則會將你的帳號條碼儲存到手機當中,只要把該圖片貼至部落格或任何社群網站,有興趣的人就能以手機掃描和讀取該行動條碼,進而加你為好友。另外,如果懂得網頁編輯,亦可在 LINE@ 管理後台的「帳號設定 / 基本設定」標籤中取得行動條碼的語法。

LINE@ 管理後台,也能取得行動條碼的 HTML 語法

按此鈕將你的帳號條碼儲存在手機中

🐵 複製網址

在「獲得更多好友」的畫面中點選「行動條
碼」會出現如右圖畫面，點選「複製」鈕即
可複製該網址，再將網址貼至所要發佈的社
群或網站上就可以了。

🐵 讓客戶加你為好友

當基本的帳號資料設定完成後，也該是時候
讓客戶將你加為好友了。LINE 最常見加入好
友的方式，包括邀請、行動條碼、搖一搖、
搜尋四種方式，如右圖所示。

以搜尋 ID 為例，店家可以透過各種宣傳文件讓潛在客戶知道你的 ID。當客
戶在手機中以收到的 ID 搜尋即可找到資訊，在按下加入鈕後，你所編寫的
「好友歡迎訊息」就會自動傳送給對方，如右下圖所示：

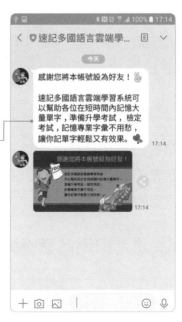

1. 客戶以 ID
   方式搜尋，
   就可以找到
   你所開設的
   LINE@ 生
   活圈

3. 客戶加入後
   會先看到你
   所編寫的好
   友歡迎訊息

2. 按此鈕加入
   好友

👥 把目標客戶加為好友

而透過手機「管理」標籤把帳號訊息傳送給對方，會使對方成為你的「追蹤者」，也就是你所傳送的訊息他們都接收得到，但並非就此成為你的「好友」。除非追蹤者在收到訊息後主動傳送訊息和你聯繫，這才有機會將他列入你的「好友」清單之中。

1. 追蹤者傳送訊息給你　　　2. 按此鈕加入為好友

3. 顯示為新增的好友

> **TIPS** 在聊天室中加好友、封鎖或檢舉：尚未成為好友的用戶傳送訊息給你時，聊天室上方會出現「加入」、「封鎖」、「檢舉」等按鈕，如上方中圖所示。如果選擇「封鎖」鈕，則原「封鎖」鈕會變成「解除封鎖」鈕，而輸入欄位也會顯示「該用戶已被封鎖」，之後就不會收到該用戶的任何訊息。

這些主動和你聯繫的「好友」名單當然是目標客群，此時即可透過 1 對 1 聊天模式與他們互動，也可以在溝通的過程中調整商品內容或研發方向，以滿足客戶的需求。

📹 透過印刷品獲得好友

除了透過以上方式獲得好友外，還有透過印刷品方式來獲得好友。如下圖所示，你可以看到包括：製作海報、訂購輔銷物、自己製作三種。

製作海報

選用「製作海報」的方式來獲得更多好友是有條件限制的，必須已完成認證的帳號，才可以從電腦版的 LINE@ 管理後台免費下載海報的 PDF 檔。請在瀏覽器上輸入「https://admin-official.line.me/」，進入你所管理的帳號後，由左側的選單中點選「帳號設定 / 基本設定」，只要是已完成認證的帳號，畫面上就會顯示「製作海報」的選項了。

訂購輔銷物

這同樣必須是經過認證的 LINE@ 帳號才可以購買，它允許商家購買印有 LINE 卡通明星的貼紙或 POP 輔銷物，請至「LINE@ 生活圈口袋商店」的 LINE SHOPPING 訂購頁面進行訂購。

自己製作

選擇「自己製作」則是可在印刷品或網頁中使用 LINE@ 商標，它會引導你前往「使用 LINE@ 商標」去讀取使用準則，並下載商標印製於自製的海報或傳單上，或是應用於部落格或社群網站上，如上圖所示。

用心經營 LINE@ 帳號

群發訊息

使用 LINE@ 最方便的地方就是可以群發訊息給好友，LINE@ 每個月免費提供 1000 則群發訊息與免費的動態發布，讓經營者藉此平台累積粉絲，直接銷售或服務顧客，這樣好康的行銷工具當然不容錯過。

按此鈕群發訊息

> **TIPS 群發訊息注意要點：** 一般帳號每個月有 1000 則的額度，要注意的是，如果是同一則訊息同時發給 100 個的好友，那麼表示耗用了 100 則的額度，以此類推。也就是說，「發送次數」X「好友數目」=「總訊息發送數」，如果追蹤者數目較多，可以使用電腦版來另購加值服務。
> 在官方帳號 2.0 中是採用訊息量來計價，共劃分為低、中、高三個用量，低用量是免費使用 500 則；中用量須月付台幣 800 元，可發送 4000 則；高用量月付台幣 4000 元，可發送 25000 則訊息。如果超過可發訊息的數量還必須另外再加購。

群發訊息可以傳送文字、圖片、拍攝的照片或是優惠券等多種訊息，但是一次發送最多只能用三種訊息格式。另外，也可以預先設定訊息傳送的時間，或是將編寫一半的訊息儲存為草稿，等有空的時候再繼續編輯。

3. 按此鈕完成訊息編輯

1. 按此建立新的訊息

要預約傳送的時間，可由此進行設定

2. 由此加入文字、圖片…等各種形式

選擇預約訊息傳送時，可明確地指定日、時、分，進行「儲存」後，LINE@ 會將訊息傳送給 LINE 服務營運者，等時間到再傳送給好友。商家所編輯的訊息也可以同時投稿到主頁，但是只能選擇一種格式。當預約的訊息「傳送」出去後，商家就只能查看而無法修改，而草稿則可進行檢視或編輯。

由此可查看已預約的訊息內容

開啟此功能，編輯的訊息也可以投稿至主頁

按此鈕傳送訊息後，訊息只能查看但不能再編輯

而在發送訊息時，務必要考慮發送的時間，像是清晨、深夜發送訊息會干擾到他人的作息，建議選擇在中午休息時間、下班後、或是臨睡之前發送，效果會比較好。另外太長的文章盡量避免，圖文並茂的訊息才能吸引目光。

> 👍 **TIPS** **增加群發訊息的點閱率：**「群發訊息」要妥善安排預覽範圍的文案，特別是前 25 個字元，把關鍵文字或重要資訊放在最前面，預覽時就可以吸引好友的目光，提升好友的點閱率。但如果是在同一時間發送多則訊息，則記得把關鍵文案放在最後一則的最前面。

同時發送多則訊息時，要把關鍵字放在最後一則上

文案預覽範圍主要在前面 25 個字元

🧑 分眾訊息推播

群發訊息是將訊息發給所有的好友，但是當好友數達到上萬人次後，每發送一筆訊息可能就得荷包失血，為了讓商家在行銷商品時能夠精準的發送至準客戶，LINE@ 生活圈推出了「分眾訊息推播（Targeting Message）」的功能，讓商家針對性別、年齡、地區等不同屬性來進行分眾行銷。但要使用此項功能，商家必須升級至「進階版」或「專業版」才可使用。如果想要升級，可從「管理」標籤中點選「加值服務」，接著點選「推廣方案」，即可依照商家的需求選擇升級的方式。

🙂 首頁投稿 - 動態消息

想要在好友的「動態消息」上面顯示更多的商家資訊，那麼「首頁投稿」就能為你辦到，因為好友們可以在你的投稿內容底下進行留言、按讚或分享。如果投稿的內容被好友按讚，該貼文就會分享至好友的貼文串上，那麼好友的好友也有機會看到，增加商家的曝光機會。

1. 好友在 LINE 上按下此鈕

2. 顯示投稿內容

3. 由此按讚、留言或分享

要進行首頁投稿，請從 LINE@ 右上角按下 🖉 鈕，會看到如下圖的灰色清單，點選「投稿」鈕進行主頁投稿。

1. 按此鈕

2. 再點選「投稿」鈕

投稿的內容可以是貼圖、相片、影片、連結、或公開所在位置，也可以採用綜合投稿，也就是 20 字以內的文字，外加貼圖、相片、影片…等。以影片投稿為例，點選 🎞 鈕後，找到要上傳的影片檔，接著在上方的文字區塊中輸入文字說明，按下「完成」鈕即大功告成。

4. 按此鈕完成投稿

3. 由此對投稿的內容進行說明

1. 先選擇投稿項目

2. 依選定的項目找到要投稿的內容

一般帳號的商家每個月可以投稿 10 次，投稿次數於每月 1 日重置，每次投稿後 LINE@ 會貼心提醒你還剩多少投稿次數，如果你經常投稿，可選用升級方案來增加投稿次數。而所投稿的內容會直接顯示在你的 LINE@「首頁」下方，方便你持續追蹤每則投稿的狀況，好友留言情形，增加與好友互動程度。

顯示人物套用特效的結果

1. LINE@ 切換到「首頁」

2. 由此追蹤投稿與好友互動的情況

TIPS 編輯 / 刪除主頁投稿：對於已投稿的內容，商家也可以進行編輯或刪除投稿，但是「編輯投稿」只限於文字的修改。要編輯或刪除投稿，請按點在投稿的標題上，在出現的畫面點選右上角的「選項」 ⋮鈕，即可進行「留言核准」、「編輯投稿」、「刪除投稿」等設定。

1. 按此鈕

2. 顯示可設定的選項

核准留言

編輯投稿

刪除投稿

👍TIPS **針對特定好友進行回覆**：朋友在你投稿的內容下方進行留言後，如果要對特定人進行回覆，可以點選該好友的名字，則其名字會自動顯示在文字輸入中，再輸入要傳達的內容，按下「傳送」鈕。

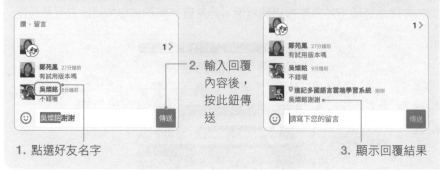

2. 輸入回覆內容後，按此鈕傳送

1. 點選好友名字

3. 顯示回覆結果

👥 與好友 1 對 1 聊天

當你向好友們傳送商品或好康的訊息後，若好友有興趣並主動與你聯繫，則在第一時間裡 LINE@「聊天」標籤就會顯示紅色的數字，表示有新的訊息進來。

有未讀取的新訊息

點選即可進行 1 對 1 聊天

接著只要在底端的文字方塊中輸入文字內容，或是按下「+」鈕選擇照片、影片、語音訊息，就可以和目標客戶進行 1 對 1 的溝通。

3. 顯示雙方對話的內容

1. 由此輸入文字，或按「+」鈕選擇要傳送的內容

2. 按下「傳送」鈕

LINE@
進階設定與服務

12

- ▶ LINE@ 的管理與行銷技巧
- ▶ 妥善管理好友，好客戶不漏失
- ▶ LINE 集點卡的製作 / 分享 / 管理

在前面的章節中，我們已經對 LINE@ 的啟用、管理、獲取好友、使用技巧等功能有所了解，接著繼續介紹更進階的使用功能與管理技巧，讓你在行銷上更能如魚得水，左右逢源。

LINE@ 的管理與行銷技巧

要利用 LINE@ 進行推廣銷售，自然要知道 LINE@ 有哪些工具可用，這裡就針對客戶的數據資料、優惠券、集點卡等技巧來說明。

行動官網設定

行動官網的設定包含封面設計，以及帳號簡介、位置資訊、營業資訊、服務項目、照片、大事記、人才招募…等擴充功能的設定，這些資訊可以讓顧客更了解商家，也方便未來的顧客利用這些資訊來聯絡到商家。一般帳號只能在 LINE@ App 中被瀏覽到這些資訊，而認證的帳號則可以在電腦桌機或筆電上的瀏覽器被搜尋得到。

1. 在主頁封面照下點選「查看基本資料」

2. 顯示位置資訊、營業資訊、服務項目等資訊

由於 LINE@ 生活圈已和其他相關產品進行服務和功能的整合，故已停止一般帳號透過 LINE@ App 編輯此功能，只能透過電腦版 LINE Official Account Manager 來編輯。不過若是 2019 年 4 月之前所申請的一般帳號，則還可看到行動官網的設定資訊。

2019 年 4 月開始必須透過電腦版才能設定

早期申請的一般帳號還能看到行動官網的設定內容

伴隨行動官網升級為新版服務，如果一般帳號用戶想要設定行動官網資訊就必須使用 LINE Business ID。

👥 查看客戶的數據資料

你的 LINE@ 帳號有哪些追蹤者，可從「管理」標籤中查看到，當點選「追蹤者」即會進入「數據資料庫」的畫面，商家即由此查看客戶資料分析。

也可以在「管理」標籤下方點選「追蹤者」的選項

按此鈕進入「數據資料庫」

進入「數據資料庫」後，商家會看到追蹤者的人數，以及有效的好友人數，若要查看追蹤好友的性別、年齡、地區等屬性資料，則必須是使用進階版以上的方案，同時目標好友數超過 100 人時才能顯示，否則無法看到實際的數據。至於「主頁」則是可查看特定時間內的各項數據統計。

由此可查詢特定期間內的好友數目

「有效的好友人數」是指設定為好友的人數，同時扣除封鎖的好友數

編輯標籤選單

「標籤選單」位在 LINE@ 上方，預設值是好友、聊天、首頁、管理等四個標籤，方便商家進行功能畫面的切換。

標籤選單

商家可以依據需求自行調整選單的先後順序，也可以新增或移除標籤選單的項目。請從「管理」標籤下方點選「編輯標籤選單」的選項，就會進入右下圖的視窗。

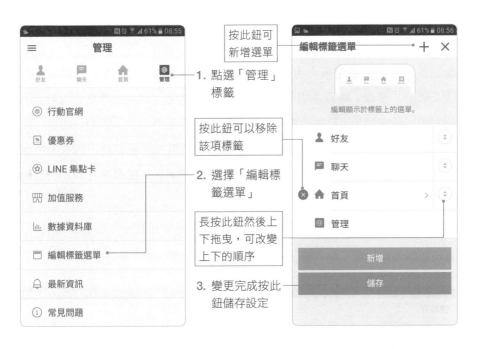

按此鈕可新增選單

1. 點選「管理」標籤

按此鈕可以移除該項標籤

2. 選擇「編輯標籤選單」

長按此鈕然後上下拖曳,可改變上下的順序

3. 變更完成按此鈕儲存設定

長按標籤後方的 ⬍ 鈕可以上下移動標籤的順序,而按下前方的 ✕ 鈕則是移除該標籤,如果按下「+」鈕或「新增」會進入「編輯標籤選單」畫面,勾選欲顯示的標籤名稱,完成後進行儲存,就可看到變更後的結果。

2. 按下「完成」鈕後再進行「儲存」

3. 顯示所新增的「群發訊息」標籤

1. 由後方勾選要新增的標籤項目

製作優惠券

商品優惠經常能吸引廣大客戶的注意力,尤其是折扣越大買氣也越盛。在 LINE@ 的「管理」標籤中提供了「優惠券」的功能,可進行優惠券的新增,商家可以設定開始 / 結束的期限、指定時區、優惠券類型(折扣、免費、贈品、現金回饋、其他),也可以設定是否顯示優惠券序號和使用的次數。建立完成的優惠券可用訊息形式傳送、投稿至動態消息,或是將它顯示於行動官網上。

請由「管理」標籤中點選「優惠券」的選項,進入後按下右下角的 ➕ 鈕,就可以輸入標題字、插入圖片、設定時間…等相關內容,如下二圖所示:

依次點選各項目,即可進行設定

👍TIPS 優惠券的公開／非公開設定：在「公開設定」上，給帳戶管理者三種選擇。

- 公開：用戶可透過聊天或動態消息與好友分享，且接近有效期限時的優惠券將會被刊載在行動官網上。
- 非公開：用戶無法透過聊天或動態消息與好友分享，只有特定用戶才能夠使用優惠券。
- 非公開（允許向好友分享）：基本上與「非公開」設定相同，但用戶可以透過訊息與好友分享。

當你將優惠券的「公開設定」設定為「公開」時，就可以透過「群發訊息」的功能將優惠券傳送給所有好友。

畫面的最下方有提供「預覽」按鈕，點選之後可以檢視優惠券的效果，建立完成的優惠券會顯示在「優惠券」的畫面之下，如需刪除優惠券，可按下「編輯」鈕後再進行刪除。

按此鈕可以進行優惠券的刪除

優惠券預覽

建立完成的優惠券會顯示在此

👥 群發優惠券訊息

已建立完成的「公開」優惠券，可以在「管理」標籤中進行「群發訊息」
時，進入「訊息」畫面後，按下左下角的「+」鈕就能看到上方顯示「優惠
券」的選項，如左下圖所示。當你將優惠券訊息傳送出去後，訊息也會同時
傳送給 LINE 經營團隊。

如下所示便是你的好友所收到的優惠券訊息。

妥善管理好友，好客戶不漏失

在一大串的好友列表中，有效管理好友是件重要的事，你可以為預設的好友名稱進行變更，讓你一眼就知道該位好友的特點或喜好，也可以將好客戶加入「我的最愛」，對於不友善或是奧客也可以進行隱藏或刪除。

變更好友名稱

對於已加入的好友，可透過「編輯好友」的功能來為好友取個別名，以便記憶對方特點。請在 LINE@「好友」標籤中點選欲變更其名稱的好友，當出現左下圖時按下 ✏ 鈕即可變更。

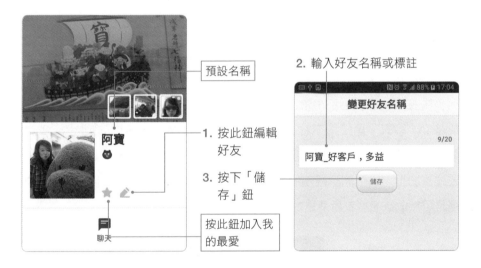

透過此種方式，即可將一些有效客戶由好友列表中看得一清二楚。

加入我的最愛

除了變更好友名稱來進行加註外，也能按下 ⭐ 鈕使之變成綠色，代表它會自動在「好友」標籤下顯示於「我的最愛」之中。

隱藏或刪除好友

對於不友善的朋友你可以選擇將該它隱藏或刪除。請在「好友」標籤的好友列表中長按該好友名稱，當出現如下的視窗即可選擇「隱藏」或「封鎖」。或是從「聊天」標籤按下右上角的「編輯」鈕進入「編輯聊天列表」，直接點選要刪除或隱藏的好友名字，再從下方選擇「刪除」或「隱藏」鈕。不過要注意的是，一旦刪除好友的聊天室，該聊天室與聊天記錄都將被刪除，但還是可接收該名好友所傳送的訊息。

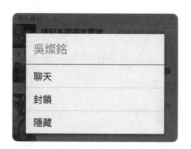

> 👍 TIPS 區別「隱藏」、「封鎖」的差異：「隱藏好友」是將用戶從好友的名單中隱藏，但可相互傳送訊息，「封鎖好友」是將用戶從好友名單中移除，不會收到對方傳送的任何訊息，但對方不會知道你將它封鎖。

傳送聊天記錄

你和好友的聊天內容如果包含重要的資訊想要保留下來，那麼請從以下的方式來進行傳送。請開啟與好友對話視窗，由右上角按下向下鈕，在出現的選單中選擇「聊天設定」，接著在「備份聊天記錄」後方按下箭頭鈕，底端就會顯示各種應用程式讓你選擇。

1. 按此鈕
2. 選擇「聊天設定
3. 按此鈕
4. 選擇你最常使用的程式來進行傳送

以 Gmail 為例，只要輸入收件者的電子郵件地址，它就會將對話內容以文字檔的形式進行傳送，包括儲存日期、對話的日期、時間、與對話內容。

LINE 集點卡的製作 / 分享 / 管理

「LINE 集點卡」是 LINE@ 提供的一項免費服務，透過此功能商家可以延攬新的客戶或粉絲，讓顧客不斷回流，增加銷售業績。

製作集點卡

要製作集點卡，請從「管理」標籤中點選「LINE 集點卡」，若從未建立過任何的集點卡，就會看到左下圖的畫面。按下「建立集點卡」鈕繼續在畫面中選擇款式。

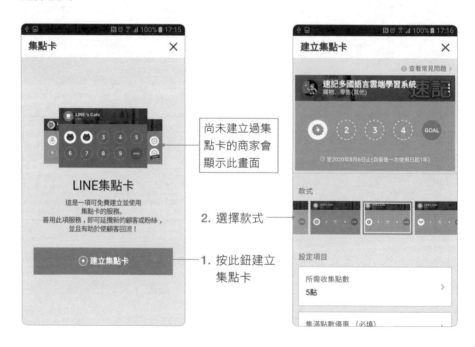

尚未建立過集點卡的商家會顯示此畫面

2. 選擇款式

1. 按此鈕建立集點卡

集點卡提供的設定項目除了款式外，還包括所需收集的點數、集滿點數優惠、有效期限、取卡回饋點數、防止不當使用設定、使用說明、點數贈送畫面設定…等，依序點選項目進行設定即可。

1. 點選「設定優惠」

2. 按此鈕建立優惠內容

點選「設定優惠」後會進入「建立優惠券」畫面,按下「建立優惠券」鈕來設定要優惠的內容,並開始「新增新的優惠券」。

1. 輸入標題　　　3. 上傳商品圖片

2. 設定有效日期　4. 設定背景款式　5. 按此鈕預覽畫面　6. 以此內容建立優惠

要注意的是，一經確定的優惠券是無法再進行刪除或編輯的，所以必須仔細檢查集點卡的內容，再三確認後再以此內容進行建立，而一旦按下公開服務，則集點卡的有效期限及有效期限前提醒也無法再進行變更。

例如集點卡公開服務後，我們可看到以下優惠內容，當顧客掃描畫面印出來的行動條碼即可贈送點數，或是讀取行動條碼也可以獲得點數。此時請在以下畫面中按「OK」鈕離開，或是直接按下「分享」鈕分享至 Facebook、LINE 或 Twitter 等社群網站。

集點卡的點數取得與贈送

當商家公開集點卡的服務後，好友們就會在 LINE 官網上收到並看到如左下圖的訊息，只要點擊一下訊息，即可獲取 LINE 集點卡。

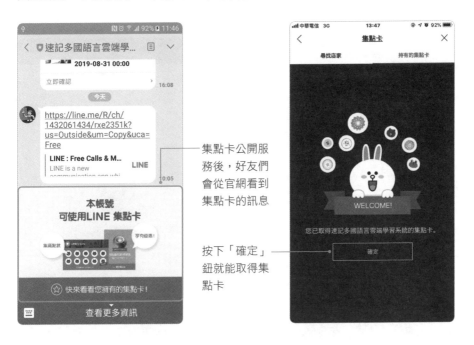

集點卡公開服務後，好友們會從官網看到集點卡的訊息

按下「確定」鈕就能取得集點卡

好友們點取你所發送的集點卡時，也會同時收到「LINE 錢包」發送的訊息，告知店家名稱和集點卡的相關訊息。

LINE 錢包發送的訊息

集點卡畫面

持有的集點卡

按此鈕開啟行動條碼器，掃描店家條碼

當好友們至店家消費時，只要在右上圖的畫面中按下 鈕，同時掃描店家集點卡上的行動條碼，就能獲取點數。如下所示即是獲取 1 點的點數。

取得點數

顧客要集點數必須至店家消費，至於顧客消費後，店家要如何贈送點數給顧客，相信也是大家關心的問題。店家可以從 LINE@「管理」標籤下點選「LINE 集點卡」，接著在「集點卡」畫面中點選「於智慧手機畫面上顯示行動條碼」的選項，就可以讓顧客掃描條碼來取得點數。特別注意的是，此行動條碼限用一次，條碼被掃描後，需重新點選欲發放的點數來產生新條碼。

2. 產生一次性使用的條碼供顧客掃描

若要在網頁上贈送點數給顧客，請點選「分享網址」鈕

1. 由 4 個點數按鈕中，點選欲贈送的點數

印製行動條碼

在「集點卡」頁面中，LINE@ 還提供「印製行動條碼」的功能，讓店家製作印製用的點數贈送行動條碼，它會將商家所建立完成的印刷用檔案直接寄送到你所指定的電子郵件帳號中，而提供的檔案包括橫幅、縱幅、印刷用行動條碼等三種版面。

2. 輸入電子郵件帳號並傳送資料

1. 按此鈕儲存設定並列印

透過電子郵件帳號傳送圖檔後，商家只要選定其中的一種版面，再轉發給印刷廠商，即可進行集點卡的印製。

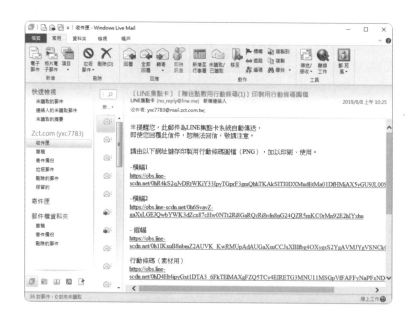

🔵 停用已建立的行動條碼

對於已建立或列印的行動條碼，如果發生行動條碼外流或不當使用的情形，店家可以停止行動條碼的使用，使其讀取後也無法取得點數。要停用行動條碼，請從「集點卡」頁面中點選「印製用行動條碼設定」的選項，再進行如下設定即可完成。

1. 點選已建立的行動條碼

2. 按此鈕停用

🔵 分享集點卡網址至其他社群

對於集點卡的使用方式，商家也可以將集點卡的網址分享到動態消息或部落格上，或是發行集點卡給不曾到過店裡的顧客。想要取得集點卡的網址，請在「集點卡」頁面的最下方按下「複製」鈕，再至各社群網站上進行「貼入」動作以觸及到更多的客群。

複製網址再轉貼至其他社群

管理集點卡

已建立過集點卡的帳號，可在「集點卡」頁面中看到「管理」類別，裡面提供了「編輯集點卡」、「點數贈送記錄」、「統計管理」、「分享」、「設定店鋪位置資訊」等設定項目，如右圖所示：

- **編輯集點卡**：編輯已建立的集點卡，也可以建立升級集點卡、或取消集點卡的服務。

- **點數贈送記錄**：點數贈送記錄的查詢方式有兩種，一個是「依期間」，一個是「依顧客」。前者可查詢特定時間內的記錄，後者是查詢顧客識別編號，可確認該顧客的記錄。

■ **統計管理**：可查詢集點卡發行的總張
數，以及點數獲得數量的分布情形。

■ **分享**：提供店家將集點卡分享到 LINE、
Twitter、或 Facebook 等社群軟體。

■ **設定店舖位置資訊**：顧客即可透過位置資訊找到你的店舖，但僅能設定一個位置資訊。另外，如果 LINE@ 帳號已經通過審核，那麼開啟「設定為搜尋對象」的開關後，顧客在「搜尋店家」的頁面中就可以搜尋到你的 LINE@ 帳號。

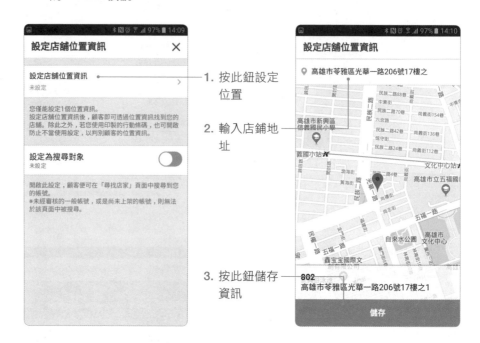

1. 按此鈕設定位置

2. 輸入店舖地址

3. 按此鈕儲存資訊